云南山地胶园生产管理与服务的信息化

黎小清　陈桂良　等 著

中国农业科学技术出版社

图书在版编目（CIP）数据

云南山地胶园生产管理与服务的信息化 / 黎小清等著. —北京：中国农业科学技术出版社，2020. 5

ISBN 978-7-5116-4701-6

Ⅰ. ①云… Ⅱ. ①黎… Ⅲ. ①山地—橡胶树—栽培技术—云南 Ⅳ. ①S794.1

中国版本图书馆 CIP 数据核字（2020）第 068166 号

责任编辑 于建慧
责任校对 李向荣

出 版 者 中国农业科学技术出版社
北京市中关村南大街12号 邮编：100081
电　　话 （010）82109708（编辑室） （010）82109702（发行部）
（010）82109709（读者服务部）
传　　真 （010）82106650
网　　址 http: // www.castp.cn
经 销 者 各地新华书店
印 刷 者 北京建宏印刷有限公司
开　　本 880mm × 1 230mm 1/32
印　　张 4.5
字　　数 142千字
版　　次 2020年5月第1版 2020年5月第1次印刷
定　　价 50.00元

《云南山地胶园生产管理与服务的信息化》

著者名单

黎小清　陈桂良　杨春霞　杨丽萍　丁华平

刘忠妹　许木果

preface 前　言

天然橡胶是重要的战略物资和工业原料，在国防建设、航空航天、汽车制造、医疗卫生等领域发挥着不可替代的作用。我国天然橡胶高度依赖进口，提高天然橡胶生产能力是我国战略安全与国民经济发展的需要。作为非传统植胶区，扩大橡胶树种植面积的潜力有限，依靠科技进步提高单产、减少灾害损失，是我国天然橡胶产业的主要任务。经过60多年的发展，云南省已建成中国第一大天然橡胶生产基地，但在生产过程中，普遍存在施肥定量难、信息化管理水平低等问题。此外，橡胶种植户获取农业信息和技术服务难的问题一直未能有效解决。

云南橡胶园为典型的山地胶园，地形地貌复杂，林间小气候多变，这些特征加剧了胶园土壤养分的空间变异，从而引起橡胶树营养状况的差异。由于施肥定量难等条件的限制，云南山地胶园橡胶树施肥一直没有精细化、系统化，普遍面临单产提升困难、土壤肥力下降、橡胶树营养失衡等重大问题。随着3S技术的快速发展，精准化施肥越来越受到重视，精准化施肥是提高橡胶树施肥效益的必由之路。

橡胶种植是云南农垦事业之本，做好胶园的日常生产管理一直是垦区的重要任务。但各农场（公司）的橡胶生产管理都是以人工和纸质资料为主，生产效率比较低下，这就需要用一种新的手段来辅助管理和生产。随着计算机技术的飞速发展，以信息技术为代表的新一代决策管理信息系统在农业生产管理中的应用越来越普遍。

目前，民营胶园面积约占云南橡胶种植面积的75%，民营天然橡胶产业的发展对云南天然橡胶总产量的提高具有重要的作用。如何让农民更有效、便捷地获取橡胶树栽培技术，实现橡胶树的持续高产稳产，一直是天然橡胶科技工作者关心的重要问题。传统的农技推广体系在普及常规栽培技术和常规灾害防治技术方面为天然橡胶产业的发展作出了巨大贡献，但在新技术的推广和突发灾害的防治方面时效性不够。

项目组立足云南山地胶园，综合集成多种信息化技术，在橡胶树精准施肥、胶园生产管理以及橡胶树栽培技术服务方面，做了一些探索性的工作：①综合利用高分辨率遥感影像、土地利用现状数据等基础地理数据，对云南省西双版纳、普洱、红河、临沧等主要植胶区橡胶树叶片和土壤进行GPS定位采样分析，并收集品种、割龄、施肥情况等信息，首次应用3S技术建立了云南山地胶园养分管理数据库；根据云南山地胶园养分状况，划分了橡胶树主要营养类型，并结合多年的田间试验，研发出9种施肥配方，依据橡胶树叶片营养元素丰、缺隶属函数，建立了适合云南植胶区的橡胶树施肥决策模型；创造性地把3S技术与橡胶树营养诊断施肥技术相结合，构建了适合云南山地胶园的橡胶树精准施肥技术体系，开发出一套橡胶树施肥信息管理系统，实现了橡胶树施肥的精准化、智能化和网络化，解决了施肥定量难的问题。②针对橡胶生产日常管理的业务需求，以树位为最小空间管理单元，建立了包括胶园信息、生产管理、施肥管理、苗木管理、割胶管理等橡胶园信息管理数据库，创新性地结合树位信息和橡胶树生产期产量曲线，建立了生产计划智能决策模型，基于GIS技术开发出一套橡胶园信息管理系统，已具备胶园信息查询、生产计划编制、苗木管理、施肥管理、割胶产量数据管理、割胶技术评定、胶工管理、产量对比分析、生产计划完成情况评估、报表统计等多种功能，实现了橡胶生产日常管理业务的流程化、信息化、网络化和规范化，解决了胶园信息化管理水平低的问题。③将智能终端客户端开发和微信公众平台开发相结合用于专家指导胶农生产，开发出一套橡胶树栽培技术服务系统，实现了专家对用户的一对一远程技术服务，该系统具备橡胶树栽培管理知识查询、橡胶树施肥配方查询、橡胶资讯服务、灾害预警等功能，可满足橡胶种植农户实时获取农业信息和技术服务的需求。

本书介绍了上述研究及其取得的成果。限于著者学识水平，书中难免存在不足，敬请广大读者批评指正。

黎小清
云南省热带作物科学研究所

contents 目　录

第一章 绪 论

第一节 农业信息化

当今时代是信息技术飞速发展的时代，信息技术的发展可使各行业的信息化建设获得良好的发展。在这种信息技术飞速成长的时代背景下，农业的信息化管理也成为了未来管理农业的发展趋向。

农业信息化是指计算机网络技术和通信技术在农业的生产、管理、市场以及农村社会和农村经济中实现广泛、普遍地推广应用和渗透的过程。农业信息化是一种概念描述，描述的是农业经济发展到一个特定的过程。农业信息化是由传统化农业逐渐向现代化农业发展，再由现代化农业逐渐向信息化农业发展。农业信息化是现代化农业信息技术、光电技术、通信技术等技术在农业生活、农业生产和农业管理等方面普遍而系统应用的过程。

农业信息化主要特点：

（1）农业信息化依靠高新科学技术，具有高投入性　农业信息化是高资金投入，它依靠高智力密集、依靠高新知识、依靠高新设备、依靠高新技术的高资金投入。

（2）农业信息化具有开放性，渗透性　农业信息化使工业、农业和第三产业的各产业之间，农业内部渔业、牧业和林业各业之间，国家与地区及国家与国家之间都有渗透，农业信息化这种渗透的特性促进了彼此之间的交流和广泛的合作，进而使农业更具开放性。

（3）农业信息化具有高效性，可促进规模经营　农业信息化

对优化农业结构有重要的意义，它能够推进农业向集约型快速发展，最大化的实现农业效益。

（4）农业信息化当前的实际需求与农业信息化的要求有较大的距离　需求和要求的差异大，一方面体现在信息传递要求高与当前的基础设施落后的矛盾比较突出，另一方面表现在大量转移的农村人才和特别缺少关于农业信息化的人才之间的矛盾越来越大。

（5）农业信息化具有挑战性，其中引进了竞争的机制　农业信息化使得农业生产、消费、交换、分配的每个阶段中都引进了竞争机制，例如销售渠道多样性的选择等方面都存在竞争，这种竞争的机制促进了农业的迅速发展。机会和风险同时存在，具有很强的挑战性。

一、国外农业信息化现状

随着信息化进程加快，农业信息化在世界各国都得到了迅速发展。在世界各国农业信息化发展过程中，发达国家的农业信息化起步相对比较早，到现在已积累了相当丰富的经验。在农业信息化领域中处于领先地位的是美国，日本和德国等在内的发达国家也紧随其后。发展中国家起步相对较晚，例如印度，虽然起步较晚，但发展速度相对较快，他们制定出适应自己国家发展的、有自己国家特点的方针出来，对这些国家经济的发展起着重要的作用。

1. 美国

美国的农业信息化是在市场经济高速发达和信息技术迅速发展的背景下，与整个社会的信息化同时发展的，它的农业信息化水平处在世界领先水平。从2010年开始，美国农业信息化在农业应用信息的系统化和农业信息多媒体的传播大众化等方面的基础上，正开展农业科学的虚拟化研究，引领了世界的农业信息化向新的发展趋势发展。美国人口中农民仅有2%，然而这2%的农民竟然使美国成为全球最大的农产品出口国，还养活了3亿多美国人。其中，美国粮食的出口量大约占全世界出口贸易量的1/3，在这些粮食中，大豆、玉米占其中50%以上。及时准确的市场信息服务每时每刻都影响着美国农业。所以，美国农业部在全国范围内都建立了完善的农业信息服务体系，建立了广泛巨大的市场信息网络，并进行了严格的法制化和组织化管理。美国分析农业信息和发布农业信息有严格的规则和制度。统计部门还提供个性化的对市场经营决策有指导意义的有偿信息服务。美国建立的农业信息服务体系的特点表现在以下方面：

（1）组织化的程度高　美国的各级政府形成了农业部和农业部所属的部门机构为主的信息的分析、信息的收集以及信息的发布体系。发布农产品信息、收集农产品信息和审核农产品信息，然后经过卫星系统向全国各地的接收站及时传送，最后经过报纸的方式、电视的方式及计算机网络的方式传递给全国各地大众。

（2）信息化的设施完善　在建设农业信息网络的方面，美国每年的投资大概为15亿美元，建成了AGNET，它是世界最大的农业计算机网络系统。农民想共享网络中的信息资源，只需通过自己家里的计算机、电话或电视就可实现。

（3）个性化服务和职能化服务质量高[1]

2. 德国

德国的农林生物研究中心和联邦农业科技文献中心等机构联合德国农业协会等，深入研究了农业的生产过程、农业的营销和农业的加工等，并且针对每个不同环节的特点，结合信息技术发展的不同阶段，把信息技术应用到了农业中。农业信息技术在德国有以下特点：

（1）计算机在农业的生产中得到广泛应用，农业信息网络服务系统以各种方式深入农场。根据德国农业协会统计，计算机应用到了90%的德国农业生产者上，这为开展农业信息服务提供了良好的条件。

（2）农业信息数据库的研发，能够对大量的德国农业信息化的基础数据进行收集，并且还能够对数据库建设的应用进行探索和对农业信息的数据标准进行探索。

（3）使用电子自动控制设备对农业生产环境要素进行自动控制和监测[2]。

3. 日本

日本的农业信息化经过多年发展也取得了进展。日本的土地少，其可耕土地只有1/10左右。日本政府制定了关于农村信息化和农业信息化的战略方案。日本的农业信息化有以下特点：

（1）在农产品方面全面发展电子商务交易，并且不断加速农产品的流通。

（2）制定出适应日本本地发展的农业信息系统，使制定出的农业信息系统带动现代农业的发展。

（3）重点发展和引进适合日本国情的精确农业。

二、国内农业信息化现状

我国的农业信息化在农业教育、农业科学和农业企业中的应用程度和其他国家存在着差距。这种差距主要表现在：我国农业信息化的人才相对缺乏，在建设农业信息化的基础设施方面存在不足[3]。我国农业信息化的起步相对较晚，但发展速度比较快，20世纪70年代末，从国外引进了先进的遥感技术。80年代初，中国农业科学院计算机中心成立。90年代，原农业部提出了资源整合的“金农工程”，农业信息化得到了迅速的发展。到2010年年底，我国基础设施的建设速度加快，传统媒体得到了巨大发展，以广播、电信和电视为主组成的电信网也基本覆盖了全国；第一次在信息化农业方面设立了服务体系，信息服务的方式多种多样，一般的信息服务有县、乡、村三级信息服务站；关于农业的大型数据库占全世界关于农业信息数据库总数的10%左右，达到100多个，数据库建设发展迅速，其中有《中国农作物种质资源数据库》《中国农林文献数据库》等。信息化技术渗透到农业产业的方方面面，例如农业信息监测系统、精准农业、计算机专家决策系统等已得到大力发展和广泛应用，资源开发的渠道越来越完善，信息采集的渠道也越来越完善[4]。

第二节　信息技术在农业中的应用

以计算机技术为代表的信息技术于20世纪70年代开始应用于农业领域，最初是做一些建模和计算工作，属于最原始的专家系统，从80年代开始，微型计算机以及相应操作系统和软件产品的出现为计算机应用的普及提供了条件，并在农业生产过程管理中得到初步应用[5]，但因受到当时计算机软、硬件条件的制约，其管理功能有限，界面简单，仅在一些发达国家进行了部分应用。自90年代开始到现在，随着计算机技术的快速发展，信息技术的应用重点开始转向知识处理、自动控制与网络服务[6]。目前，空间技术、移动互联技术、物联网技术、自动控制技术等各种先进技术开始全面应用在农业生产的信息监测、专家决策、智能化实施、预测预报等各方面，农业信息技术进入空前的大发展时期。具体应用表现在信息采集、信息管理、专家决策、田间作业等领域。

一、信息采集

农业信息技术应用的首要环节是信息的获取，准确有效的信息获取是后续工作的基础，是实施分析、决策的第一步工作，其准确性、全面性关乎未来分析与决策的正确性。以采集手段、时间和空间变异程度不同可以将数据分为3种类型：

（1）作物生长环境信息　作物生长环境包括地下和地上环境。地下环境主要是指土壤信息，包括土壤墒情、土壤有机质、氮、磷、钾含量等肥力信息[7]。地上环境主要是指地表或作物冠层温度、湿度、光照等信息[8]。该类数据的自动获取方法目前研究较多，可以采用传感器、检测仪或遥感技术。数据的特点是相对稳定或一致，随时空变化差异不太大（即使随着时间发生变化，其规律也比较可循），一般情况下对于该类数据的空间分辨率和实时性要求不高，人工调查也是一种可行的方式。

（2）作物生长状态信息　包括旱情、长势、病虫草害、作物营养状况、产量等反映作物生长状况的信息。可以采用的获取方法有传感器、检测仪或遥感技术。该类数据的特点是时空差异性很大，因此数据采集量大，对于大面积农田不适合人工田间调查的方法。

（3）田间管理信息　田间管理信息是指对于农田作物实施的植保、栽培等田间作业记录。该类数据与前两类数据区别较大，其特点如下：①数据来源于田间作业，而非调查的结果；②数据的空间精度依赖于田间作业的处方精度，没有时间精度的概念；③数据获取相对容易，只要有田间作业，就会产生数据。根据作业方式不同，该类数据有人工录入和通过智能农机自动产生两种获取方式。

在信息采集手段方面，目前常用的自动采集技术可以分为传感器（检测仪）、遥感技术、数字图像技术3种，手动信息采集目前比较常用的是基于智能移动设备的数据采集。

1. 传感器或检测仪

目前传感器广泛应用于作物生长环境和生长状况的数据采集。例如土壤信息的采集，包括土壤的水分、墒情、养分、pH值、电导率等[9-12]；作物生长环境信息的采集，如冠层温度、湿度、光照等[13-14]；作物生长状况信息，包括作物含水量[15-18]，或者用于病虫害监测[19]；传感器也可用于测产，例如用于谷类作物测产的谷物流量传感器[20]。从安装方式考虑传感器可分为固定安装和携带式两种，例如土壤水分测定的传感器就属于固定安装式。谷物流量传感器就属于携带式。传感器通过附带GPS装置，采集的有效信息随同位置信息一起发送，可以在农田地图上确定采集点的位置，通过地统计学空间插值的方法推算出整个农田的信息分布状况。目前，传感器之间的通信普遍采用无线传感器网络（Wireless Sensor Network，WSN），数据收集到基站节点后通过网关结点上传到Internet，上传方式可采用有线方式或者GPRS方式，有线方式需要在农田布线，成本高且维护困难，已经被GPRS这种更加方便的方式所替代。

2. 遥感技术

遥感（Remote Sensing，RS）即遥远的感知。从字面上理解，就是远距离不接触“物体”而获得其信息。它通过遥感器“遥远”地采集目标对象的数据，并通过数据的分析获取有关地物目标、或地区、或现象的信息的一门科学与技术[21]。通过研究物体对于电磁辐射的反射特性，从而获取物体的性质、特征和状态。遥感影像存储的是待研究对象的反射光谱。由于不同的物质对于不同波长的电磁波有不同的吸收能力，通过分析反射光谱可以获得待研究对象的物质信息。基本的做法是查找待调查农学参数的敏感波段或波段的运算结果（光学指数），寻找二者之间的相关性，建立拟合度高的光学指数，通过光学指数得到所需的农学参数。该方法的可行性必须从两个方面证明：①待调查农学参数与选定的光学指数之间显著相关；②其他农学参数与选定的光学指数之间不显著相关，或者不相关。

遥感影像数据来源有3种：①地面光谱仪，地面光谱仪需要人工携带在田间拍摄，从而获取所需地点的光谱数据，优点是光谱信息丰富，方便科学研究。但研究结果仅有指导意义，实用性不强，不适合用于大面积农田监测；②航空遥感（航片），航片清晰度高，可以就某一研究区域进行大面积拍摄，特别适合于突发事件，例如地震、泥石流、蝗灾等[22-24]，但其价格比较昂贵，且来源不稳定，因此不适合用于持续性监测；③航天遥感（卫星遥感），卫星

遥感由于能够周期性获取指定区域的大面积遥感影像，来源稳定，且相对较为便宜，因此目前广泛应用于资源环境、水文、气象，地质地理等领域。

遥感影像数据的优点是采集信息无需破坏植株以及能一次性获得大面积的农田信息，因而在农业中有着广泛的研究和应用[25]。例如应用遥感技术进行土壤水分监测[26–29]、土壤墒情监测等[30–31]；作物水分监测[32–34]，估产[35–37]、长势监测[38–41]、作物氮素营养估计[42–44]、病虫害监测等[45–48]。卫星遥感由于能够连续周期性获取指定地区的遥感影像，所以特别适合对某一作物的生长状况做连续监测，但监测的效果受到时间和空间分辨率、天气情况以及模型准确程度的影响，不适用于小面积或者对时间和空间分辨率要求很高的场合。

3. 数字图像与机器视觉技术

机器视觉技术是通过对形态、色泽、纹理等外部特征的分析处理从而实现土壤状况或作物生长状况监测、形态识别与分类、病虫草害诊断等，适合于近距离快速获取某一点的作物生理指标信息，自20世纪80年代起开始在农业中得到研究和应用[49]。例如土壤含水量测定[50–51]、作物水分含量测定[52]、长势监测[53–54]、病虫草害诊断[55–56]、作物氮营养含量测定等[57–58]。

利用数字图像获取农作物环境和生长状况信息的原理是从数字图像的颜色、纹理、形状3个特征中的一个方面或者几个方面结合进行判断识别的。有两种重要的操作：①对3个颜色分量的运算结果与农学参数做相关性运算，从而间接得到农学参数结果；②进行图像切割，然后对切割后的图像进行特征提取，从而得到作物的生理指标，常用于病虫害等有明显形状特征的信息提取。

通过机器视觉技术获取农情信息具有不破坏作物、快速、成本低廉的优点，且随处可以选择需要采样的标本，方便灵活，适合于做田间调查。但其缺点也明显：对拍摄的光照和角度有比较高的要求、受天气影响大、数据采集面积有限等。

4. 基于智能移动设备的数据采集

采用智能移动设备进行田间数据采集的具体方法为：人工携带手持式带GPS定位的移动设备进入田间，选择兴趣点进行田间信息采集，通过有线或者无线通信将数据传回服务器，服务器能够根据GPS定位信息绘制成完整的田间信息图。该方法可以由多人同时进行，最后数据统一上传服务器进行分析，移动终端之间通过服务器实现数据共享。例如Field worker公司（网址：http：//www.fieldworker.com/）开发了基于Android系统的农田信息采集软件，通过服务器端软件的配合，能够实现各移动终端的数据交互、共享和融合。我国在这方面也进行了很多的研究和应用，如牟伶俐等（2006）[59]开发了基于J2ME手机的野外农田数据采集与传输系统；赵国罡等（2009）[60]开发了基于J2ME的农业生产履历采集系统，实现了定植、施肥、防害、灌溉、收获等信息的采集以及数据上传功能；车艳双等（2010）[61]开发了基于GPS和PDA的移动智能农田信息采集系统；尚明华等（2011）[62]开发了基于Android系统的小麦生产风险信息，同时能够获取采集点地理位置信息和图像视频信息；孟志军等[63]基于掌上电脑和DGPS设备的农田信息采集系统，能够采集农田地物分布和生长环境信息。随着移动终端计算能力越来越强大、人机交互越来越友好、移动互联越发顺畅以及5G网络的成熟应用，这种模式的信息采集将会得到巨大发展。

以上前4种信息采集方式各有特点和优缺点，针对不同的信息类型和采集要求可以选择不同的方式，也可以多种方式结合以扬长避短。例如遥感虽然适合于大面积的监测但数据精度却不够高，地面调查（传感器或数字图像）精度虽然高覆盖面积却有限，可以将二者结合再辅以其他手段（例如辅助模型）作为参考综合分析遥感影像，从而实现大面积农田的准确监测[64-65]。

二、信息管理与决策支持

田间信息管理是通过应用计算机软硬件或其他设备进行信息资源生命周期运行规律的管理。地理信息系统（Geographical Information System，GIS）在田间信息管理环节扮演着非常重要的角色。GIS是在计算机硬件与软件的支持下，以采集、管理、处理、分析、建模和显示空间数据，并回答用户问题等为主要任务的技术系统[66]。田间信息管理通常指利用GIS将采集的田间作物信息进行管理、处理和分析，为田间管理者提供资料查询、技术咨询及辅助决策。

智能化决策支持主要依靠专家系统完成。专家系统（Expert System，ES）是指在某一领域中具有解决问题的专家能力的智能计算机程序，可以模拟人类的行业专家解决问题的思维过程，通过先验知识进行推理判断，求解那些只有专家才能解决的复杂问题。应用于农业的专家系统是指通过分析作物生长环境信息、作物生长状况信息等前提数据，结合植保、栽培等专家知识给出田间管理措施，指导农作物生产，称为“处方农业”。

如果将处方与空间信息进行结合则得到处方地图，生成处方地图首先需要获取农学参量地图，例如土壤保持有效水分的能力地图、作物旱情地图、作物长势地图、产量地图等，然后结合专家规则库，给出合理的田间处方地图，如施肥地图、灌溉地图等，为精准农业的田间变量作业做准备。

当前研究和开发的专家系统涵盖了大多数大田作物，并针对作物生长管理的多个方面进行专家指导。根据专家系统的管理特色，可分为以下几类：

（1）水肥管理类　由于水肥管理是作物栽培管理中非常重要的内容，成为研究的热点。如孙波等[67]建立了基于土壤肥力的红壤旱地和水田的平衡施肥模型，结合组件GIS技术开发了施肥专家决策支持系统，通过空间离散化技术建立决策施肥的基本单元，实现施肥单元的变量施肥。陈蓉蓉等[68]结合组件GIS技术和作物管理知识模型，建立了基于田区作物产量、土壤养分和苗情监测的农田精确施肥决策支持系统，该系统可以分析农田信息的时空差异，生成基于田区差异的肥料运筹和播种密度处方。陈智芳等[69]综合分析气象、土壤水分、作物、水资源状况等信息，运用作物系数法进行作物需水量的计算，研制了节水灌溉管理与决策支持系统，该系统能够为灌区管理和用水户提供灌溉优选和水资源优化分配的决策支持，制定精细灌溉的作业方案。郑重等[70]综合单片机技术、传感器技术、嵌入式技术、GSM网络技术和计算机技术实现了农田水分实时监测、数据无线远程传输与灌溉科学决策的智能化管理。

（2）病虫草害管理　专家系统在病虫草害领域也有比较广泛的应用。如李凤菊等[71]对小麦病虫草害管理决策支持系统进行了研究；周舟等[72]开发了基于GIS的变量喷药决策支持系统；刘书华等[73]开发了基于GIS的农作物病虫害防治决策支持系统；高灵旺等[74]开发了农业病虫害预测预报专家系统。

（3）专门针对某一作物整个生长管理过程进行专家指导　该类系统在我国从90年代初期就开始就得到了应用。最早基于单个计算机的应用，如赵春江等[75]在1994年开发的小麦栽培管理计算机专家系统（ESWCM）；随着网络的发展，现在的很多专家系统开始转变为基于网络的开发，如曹卫星等[76]设计开发的网络化小麦生长模拟与管理决策支持系统（GMDSSWM），实现了基于Web的小麦生产管理决策支持。还有针对蔬菜栽培的管理系统，如针对油菜的优质高产高效栽培管理专家系统[77]、日光温室下番茄的生产管理专家系统[78]、黄瓜温室栽培管理专家系统等[79]。

（4）植物营养管理的专家系统　如针对水培蔬菜营养液管理的专家系统[80]、小麦营养诊断专家系统[81]等。

三、田间作业

田间作业是通过农业机械或其他田间设施（如滴灌、喷灌装置等）进行灌溉、施肥、施药等田间作业。精准农业措施的田间实施是基于遥感和GIS技术的农田变量作业，依靠带GPS定位功能的精准农机具通过处方地图实施变量作业，其关键是处方地图。处方地图的一个重要内容是管理分区，难点在于如何综合土壤参数、作物类型、长势等信息进行管理分区，同时在不同的管理分区上给出科学的管理处方，是专家决策阶段要解决的问题。精准农机具根据GPS确定所处方位，读取处方地图得到处方，驱动精准实施硬件装置进行田间变量作业，最后可以生成变量作业地图，为评价变量作业效果和生成下一次处方地图做准备。

国内目前这方面的研究和应用有较多报道，如陈云坪、赵春江等[82]通过土壤采样和空间插值方法生成农田土壤肥力图，并以此为基础生成变量施肥处方图；王秀、赵春江等[83]研究了可与国产拖拉机配套实现变量施肥的施肥机，该施肥机在GPS导航系统的帮助下可以按照预先设计的处方地图实现变量施肥；伟利国等[84]研制了2F-6-BP1型变量配肥施肥机，能够基于处方地图进行变量的配肥和施肥；介战等[85]研究的带GPS精确定位和智能测产系统的智能联合收割机以及能够根据作物生长状况和土壤墒情进行智能化控制的变量滴灌系统[86]。

第三节　农业生产信息管理系统

信息管理系统（Management Information System，MIS）是指以人为主导，利用计算机硬件、软件及其他设备进行信息的收集、存贮、传递、加工、维护和使用的系统。应用于农业生产的信息管理系统从系统结构上可以分为单机结构、网络结构（C/S结构、B/S

结构）以及分布式结构3类。

一、单机结构

单机结构是指在单个计算机上运行的软件系统结构，是从20世纪80年代初到90年代互联网兴起之前软件系统开发的唯一方式。在国外信息管理系统应用于农业的最初目的是针对私人农场的农业生产过程进行信息管理，例如专门记录农场管理数据的农场记录系统（Farm Record System，FRS），后来慢慢发展到对农场的农事活动和商业活动提供智能决策，称为农场管理信息系统（Farm Management Information System，FMIS）。与国外不同的是，在我国单机结构的作物生产信息管理系统对于单个农户来说太大（农村承包户拥有耕地面积小，信息量少），对于国营农场又太小。因此在国内单机结构的程序主要应用于作物生长模拟[87]、专家系统等更偏重于研究的系统。

单机结构程序一般适用于小型应用，其特点是用户单一、数据库相对简单、数据量小等。从20世纪90年代末开始，随着互联网的不断普及以及应用复杂度的不断增加，纯粹的单机版应用程序开始不断减少。国外私人农场主所使用的FMIS系统开始走向网络化。

二、网络结构

从20世纪90年代开始到现在，互联网的普及促使网络结构的系统得到了广泛应用。在这个阶段主要采用C/S或B/S技术架构，同时以B/S为主。数据库开始比较复杂（例如包含了空间数据），并开始采用GIS、RS和GPS技术，同时移动设备开始应用。

在国外，以针对私人农场农业生产管理为主要目标的农场信息管理系统（Farm Management Information System，FMIS），也开始进入网络化阶段，主要是通过网络发布农场经营状况、特色产品等，成为私人农场的宣传平台。在功能上开始不仅限于信息管理，出现了很多变化：①包含信息采集和专家决策[88]；②基于空间信息技术的智能农机开始大量使用，计算机系统与智能农业机械设备之间数据交互需求迫切，出现了数据标准的研究。同时FMIS开始逐渐步入分布式应用阶段[89]。

这一时期，在我国开始针对农业相关信息开发了大量网络结构的管理软件并进行推广应用，例如冀荣华等[90]基于GPRS和PDA实现了农田信息的远程管理；郭武士等[91]设计了基于WebGIS的土壤空间分布信息管理；赵朋等[92]基于WebGIS和人工神经网络设计了苹果病虫害信息管理系统，实现了苹果病虫害的预测预报和发布功能；周治国等[93]设计了基于GIS的作物生产管理信息系统；郭银巧等[94]设计了针对棉花生产的数字棉作系统。与国外不同的是，虽然国内开展了针对农业相关信息的管理和应用，但普遍以某一个方面的信息管理（土地、病虫害等）或专家决策为主要功能，并没有以作物生产信息化管理作为系统的主要目标。

三、分布式结构

随着各种技术和应用系统不断地集成到农业生产中，基于分布式技术的多系统集成研究开始兴起。目前发达国家的农场作物生产管理系统（FMIS）作为精准农业的基础信息平台，在朝着高度集成（Integration）和互操作（Co-operation）的方向发展，其目的是融合信息采集、专家系统、变量实施等精准农业技术，形成完整的精准农业技术体系，而信息管理在整个体系结构中起着数据中心的作用，是信息汇集的中心和仓库。国外有很多关于现代作物生产信息管理系统的研究报道，如Sorensen等提出FMIS应该具有数据整合、数据管理、数据规范和标准制定等功能，并提出了为决策支持系统提供数据的方法。Murakami等分析了如何使用SOA（Service Oriented Architecture，面向服务架构）技术实现基于开放平台、遵循数据通信和软件互操作标准的精准农业信息系统（Information

Systems for PA），以支持大量异构数据的管理和异构系统的互操作，并设计了基于概念的原型系统[95]。

第四节　农业信息服务系统

农业信息服务平台的建设在国外，尤其是发达国家起步较早。早在1975年，美国就已经建成世界最大的农业计算机网络系统AGNET，农民通过电话、电视或计算机便可共享网络中的信息资源。以政府主体，美国建立了较为完善的农村信息服务体系。日本是发展应用型农业信息服务的典型代表。日本20世纪90年代初建立了农业技术信息服务全国联机网络，即电信电话公司的时实管理系统（DRESS），其大型电子计算机可收集、处理、贮存和传递来自全国各地的农业技术信息。每个县都设有DRESS分中心，可迅速得到有关信息，并随时交换信息。希腊雅典农业大学信息学实验室将传统的有机农业通过互联网和手机短信业务，用4种不同的语言（希腊语、德语、英语、法语）提供服务，交流经验、手段、实践、栽培技术等。德国农业信息化进程依托政府大力推动，使得广播、电话、电视等通信技术在农村地区得以广泛普及。由最初利用计算机登记每块地的类型和价值，建立涵盖村庄与道路的信息管理系统，逐步发展成为目前较为完善的农业信息处理系统，例如各州农业局推出的电子数据管理系统（EDV）、电视文本显示服务系统（BTX）和植保数据库系统（PHY-TOMED）等，为农户实时提供作物生长情况、病虫害预防和防治技术以及农业生产资料市场等信息。韩国作为农业信息化起步较晚的国家，非常注重信息技术在农业中应用。韩国农业信息化的一个突出特点是政府利用多媒体远程咨询系统培训农民，采用先进的便携式摄像机和无线通信设备进行田间演示教学，对农民进行技术培训，并有专家提供现场解答。

我国在农业信息服务平台建设方面起步较晚，大体上经历了四个阶段：1979—1986年，为起步阶段，农业信息需求及应用集中在政府、科研院所；1986—1992年，统一规划阶段，制订了全国农业信息体系建设方案；1993—1999年，发展形成阶段，特点是政府主导、多方参与和多级建设；2000年至今，特点是政府支持下社会广泛参与，信息资源整合，提供一站式服务，区域性服务[96]。

我国在农业信息服务平台理论研究方面也取得了一定成果。尚明华等从农业数据标准化、数据的质量控制、农业数据资源的共享机制等方面阐述了构建农业信息服务平台所需的基础工作[97]。王贵荣等研发了鱼病诊断短信平台，结合用户进行鱼病诊断的过程，对鱼病诊断短信平台的诊断推理流程进行详细设计[98]。吴永章等开发了一个农技110信息服务系统平台，集人工服务、自动语音应答、互联网查询于一身的信息服务平台，为湖北全省百万农民解决生产经营过程中的疑难问题，并定期为农户提供法规、气象、市场预测等信息[99]。张伟等提出了将数据挖掘技术应用于农业信息服务平台的建设[100]。

我国农业信息服务平台在组织结构、信息发布方式、服务内容等方面有很多相似的地方，但由于服务内容针对性和服务模式存在差别，在服务效果方面差别也较大。在组织结构方面，这些农业信息服务平台的构建都需要内容提供商、服务提供商、移动运营商三者的共同参与；在服务内容方面，这些平台提供的服务以短信息为主，有些还开通了语音业务；在信息来源方面，通过建立市场信息采集点，实现由上而下的信息采集、报送、整理、发布；在信息发布方式方面，这些平台普遍采用包月定制和点播两种方式；在服务效果分析方面，由于目前用户对农业市场信息以及农业科技信息需求量比较大，因此，平台提供的市场与科技信息质量如何，很大程度上决定了该平台的发展空间。

目前，我国关于农业信息服务平台的研究主要集中于服务网站的构建与完善，同时也开始研究基于移动终端设备的服务平台的构建，但是大部分是基于数据库技术和短信平台进行的。随着智能手机在我国农村的普及，基于智能手机构建的农业信息服务平台有着广泛的发展前景。

第五节 橡胶园生产管理与服务的信息化

天然橡胶生产关系我国经济发展的稳定和国防安全，其在国民经济中的战略物资地位越来越重要。胶园生产管理是橡胶树种植和橡胶生产的重要环节，胶园生产管理水平不但决定着橡胶的产量和质量，也影响着橡胶树的寿命和经济效益。胶园生产管理的主要内容包括胶园基本建设、土壤管理、施肥管理、病虫害管理、割胶管理等。随着信息技术的发展，农业信息化对农业的发展将起到越来越重要的作用，农业信息化是实现农业现代化的加速器。近年来，信息技术开始应用到橡胶树生长监测、精准施肥、产胶潜力研究等领域，促进了胶园生产管理与服务信息化的发展。

信息化管理是提高胶园生产管理水平，规范经营活动，提高生产效率和经济效益的重要手段，对加快信息技术在橡胶生产中的应用，促进我国橡胶产业健康、快速发展具有重要的意义。近年来，通过植胶单位和科研工作者的共同努力，胶园生产信息化管理取得了显著的成效，胶园生产管理水平明显提高。但是胶园生产管理信息化仍然存在一系列问题，如胶园基础地理数据不全、生产管理信息化不深、信息化技术推广应用渠道不畅、各类管理系统功能没有得到充分发挥等实际问题。随着信息技术的进一步发展，以土壤管理信息化、施肥管理信息化和病虫害管理信息化为动力，胶园生产管理和服务信息化建设必将取得长足发展[101]。

第二章 云南山地胶园养分管理数据库的建立

通过对云南西双版纳、普洱、红河、临沧等主要植胶区各农场进行基本情况调查，在考虑土壤类型、地形、管理单元、品种和割龄的基础上，将云南主要植胶区16个农场划分为5 030个诊断区（表2-1）。2011—2014年7—9月携带便携式GPS-60csx对云南主要植胶区各诊断区进行定位采样，建立了云南主要植胶区诊断区GPS采样点空间数据集，共采集橡胶树叶片样品5 030个，胶园土壤样品3 514个，橡胶树叶片分析测定全氮、磷、钾、钙、镁养分含量，胶园土壤分析测定全氮、有机质、有效磷和速效钾。利用GPS采样点，结合高分辨率遥感影像、土地利用现状数据等基础地理数据，完成了云南主要植胶区橡胶园诊断区的划定（图2-1），并收集和整理了各农场诊断区的基础属性数据，建立了云南山地胶园养分管理数据库。

表2-1　云南主要植胶区各农场诊断区划定

植胶区	地点	面积（hm^2）	诊断区数量（个）	成土母质
西双版纳	东风农场	10 917.93	777	千枚岩、花岗岩、砂页岩、老冲积物
	景洪农场	10 962.93	389	花岗岩、千枚岩、砂页岩、片麻岩
	勐捧农场	14 722.73	820	砂页岩
	勐醒农场	3 994.87	271	石灰岩、砂页岩
	勐腊农场	5 713.2	411	砂页岩
	勐满农场	6 606.07	435	砂页岩

（续表）

植胶区	地点	面积（hm²）	诊断区数量（个）	成土母质
西双版纳	橄榄坝农场	4 597.87	329	砂页岩、千枚岩、老冲积物
	黎明农场	1 563.67	108	砂页岩
	勐养农场	1 721.93	107	砂页岩
	大渡岗农场	1 819.27	105	砂页岩、近代河流沉积物
普洱	江城农场	7 149.13	260	砂页岩
	孟连农场	1 968.47	85	千枚岩、砂页岩
	西盟农场	3 062.73	147	砂页岩、片麻岩
红河	河口农场	7 384.67	574	片麻岩、千枚岩、砂页岩、石灰岩
	金平农场	851.6	49	变质岩、砂页岩
临沧	孟定农场	2 251.87	163	砂页岩、石灰岩、老冲积物
	合计	85 288.93	5 030	

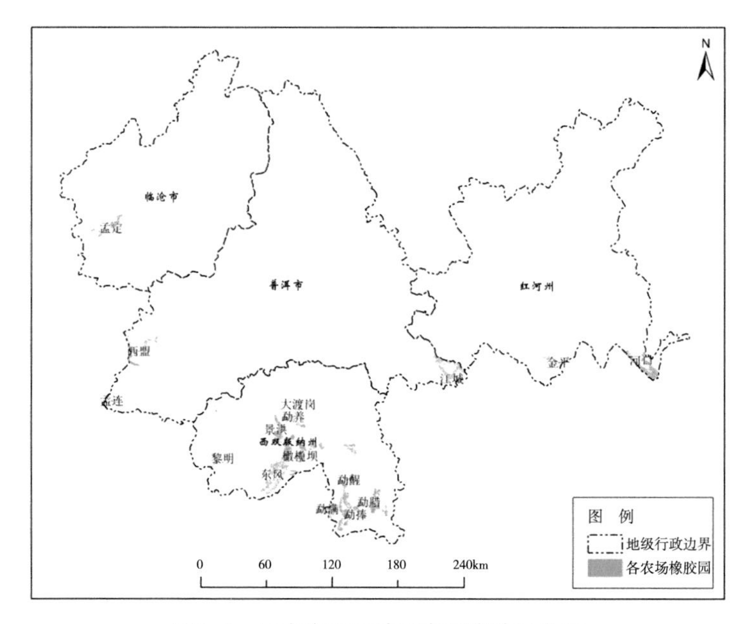

图2-1 云南主要植胶区农场橡胶园分布

第一节　云南山地橡胶树养分特征

云南各橡胶种植农场开割橡胶树叶片的大量元素养分见表2-2。在这16个橡胶种植农场中，橡胶树叶片氮含量均值最高的是勐养农场，最低的是黎明农场；叶片磷含量均值最高的是大渡岗农场，最低的是黎明农场；叶片钾含量均值最高的是景洪农场，最低的是勐醒农场。

橡胶树叶片氮含量变异系数最大的是大渡岗农场，最小的是黎明农场；叶片磷含量变异系数最大的是金平农场，最小的是河口农场；叶片钾含量变异系数最大的是孟定农场，最小的是大渡岗农场。

表2-2　各农场橡胶树叶片的大量元素养分状况

地点	N			P			K		
	变幅（g/kg）	均值（g/kg）	变异系数（%）	变幅（g/kg）	均值（g/kg）	变异系数（%）	变幅（g/kg）	均值（g/kg）	变异系数（%）
东风农场	25.45 ~ 44.81	34.10	9.83	1.81 ~ 3.67	2.45	12.43	7.04 ~ 21.87	13.26	21.39
景洪农场	27.50 ~ 47.46	36.10	9.25	1.70 ~ 4.32	2.55	13.05	7.34 ~ 24.43	14.92	22.30
勐捧农场	25.82 ~ 43.81	34.34	9.60	1.60 ~ 4.71	2.43	18.60	7.41 ~ 21.88	12.70	18.13
勐醒农场	28.3 ~ 44.67	34.76	8.42	1.92 ~ 4.15	2.48	12.23	8.24 ~ 19.15	12.10	18.47
勐腊农场	27.6 ~ 45.64	34.42	10.40	1.62 ~ 4.08	2.32	15.23	8.25 ~ 22.39	14.18	17.44
勐满农场	26.62 ~ 43.57	33.91	8.48	1.57 ~ 3.55	2.36	11.76	7.79 ~ 23.03	13.41	19.22

（续表）

地点	N			P			K		
	变幅（g/kg）	均值（g/kg）	变异系数（%）	变幅（g/kg）	均值（g/kg）	变异系数（%）	变幅（g/kg）	均值（g/kg）	变异系数（%）
橄榄坝农场	27.00 ~ 40.00	33.14	7.55	1.69 ~ 3.23	2.31	11.39	8.17 ~ 26.91	14.26	19.22
黎明农场	26.69 ~ 37.52	31.25	7.50	1.77 ~ 3.39	2.25	12.87	7.18 ~ 19.10	14.30	17.96
勐养农场	28.14 ~ 44.59	36.92	8.28	1.79 ~ 3.24	2.43	13.82	8.97 ~ 20.55	14.06	17.97
大渡岗农场	28.67 ~ 44.65	35.23	10.67	2.00 ~ 4.17	3.25	15.10	10.30 ~ 18.02	14.25	12.21
江城农场	27.50 ~ 43.82	35.45	8.64	1.76 ~ 4.92	2.44	17.45	7.54 ~ 23.42	13.92	18.22
孟连农场	28.76 ~ 41.44	35.29	7.52	1.95 ~ 3.84	2.54	14.25	8.57 ~ 18.00	12.80	13.95
西盟农场	27.20 ~ 41.16	35.07	7.72	1.83 ~ 3.52	2.31	11.70	9.20 ~ 20.75	12.63	15.30
河口农场	25.88 ~ 44.77	36.44	8.19	1.79 ~ 3.34	2.51	9.40	5.67 ~ 21.74	13.84	19.36
金平农场	24.62 ~ 37.73	32.07	9.55	1.89 ~ 3.59	2.67	19.28	10.83 ~ 18.40	14.69	12.76
孟定农场	26.03 ~ 44.28	35.04	10.08	1.91 ~ 3.77	2.69	15.36	6.95 ~ 21.37	14.23	22.57

16个橡胶种植农场开割橡胶树叶片的中量元素养分见表2-3。橡胶树叶片钙含量均值最高的是勐醒农场，最低的是河口农场；叶片镁含量均值最高的是景洪农场，最低的是黎明农场。

橡胶树叶片钙含量变异系数最大的是金平农场，最小的是

大渡岗农场；叶片镁含量变异系数最大的是橄榄坝农场，最小的是勐养农场。总体来说，橡胶树叶片镁含量变异系数最大，为16.84%～32.03%；其次是钾、磷含量，变异系数分别为12.21%～22.57%、9.40%～19.28%，最小的是氮、钙含量，变异系数分别为7.50%～10.67%、8.62%～13.72%。

表2-3　各农场橡胶树叶片的中量元素养分状况

地点	Ca			Mg		
	变幅（g/kg）	均值（g/kg）	变异系数（%）	变幅（g/kg）	均值（g/kg）	变异系数（%）
东风农场	4.42～25.93	13.05	28.54	1.90～5.96	3.56	23.19
景洪农场	4.66～18.71	10.60	21.74	1.68～6.45	4.06	19.85
勐捧农场	4.19～23.62	11.14	30.41	1.63～6.98	3.75	21.61
勐醒农场	5.17～28.55	13.72	26.65	1.75～5.93	3.54	31.31
勐腊农场	4.62～19.71	10.98	23.00	1.41～6.75	3.41	31.05
勐满农场	4.46～20.11	10.75	23.81	1.75～6.25	3.89	21.84
橄榄坝农场	5.04～19.63	10.90	25.46	1.72～6.92	3.62	32.03
黎明农场	5.32～18.55	10.21	25.09	1.72～4.69	2.94	23.60
勐养农场	6.10～16.89	10.54	24.34	2.27～5.38	3.72	16.84
大渡岗农场	9.06～19.21	13.64	15.76	2.29～5.66	4.01	17.53
江城农场	4.95～16.73	9.59	25.04	1.77～5.89	3.78	21.67
孟连农场	4.78～14.33	9.23	21.96	2.05～5.09	3.45	17.36
西盟农场	4.49～18.47	9.30	27.05	1.92～6.61	3.42	29.95
河口农场	4.03～19.44	8.62	28.28	1.82～5.71	3.25	19.28
金平农场	5.33～20.24	12.14	33.07	2.41～5.88	3.69	27.48
孟定农场	5.72～18.46	11.30	20.57	1.86～6.14	3.93	18.47

西双版纳、普洱、红河、临沧4个植胶区（表2-4）橡胶树叶片氮含量均值最高的是红河植胶区，最低的是西双版纳植胶区；叶片磷、钾含量均值最高的是临沧植胶区，最低的是普洱植胶区；橡胶树叶片钙含量均值最高的是西双版纳植胶区，最低的是红河植胶区；叶片镁含量均值最高的是临沧植胶区，最低的是红河植胶区。橡胶树叶片氮、钾含量变异系数最大的是临沧植胶区，最小的是普洱植胶区；叶片磷含量变异系数最大的是临沧植胶区，最小的是河口植胶区；叶片钙含量变异系数最大的是红河植胶区，最小的是临沧植胶区；叶片镁含量变异系数最大的是西双版纳植胶区，最小的是临沧植胶区。

云南主要植胶区橡胶树叶片氮含量24.62～47.46g/kg，平均34.69g/kg；磷含量1.57～4.92g/kg，平均2.45g/kg；钾含量5.67～26.91g/kg，平均13.57g/kg；钙含量4.03～28.55g/kg，平均11.05g/kg；镁含量1.41～6.98g/kg，平均3.63g/kg。云南植胶区橡胶树叶片钙含量变异系数最大，为26.74%；氮含量变异系数最小，为9.04%；磷、钾、镁含量变异系数分别为13.76%、19.04%、24.43%。

表2-4　各植胶区橡胶树叶片养分状况

植胶区	N		P		K		Ca		Mg	
	均值（g/kg）	变异系数（%）	均值（g/kg）	变异系数（%）	均值（g/kg）	变异系数（%）	均值（g/kg）	变异系数（%）	均值（g/kg）	变异系数（%）
西双版纳	34.37	9.24	2.44	14.09	13.51	19.23	11.61	26.11	3.68	24.24
普洱	35.31	8.17	2.42	15.18	13.34	16.61	9.44	25.11	3.62	23.40
红河	36.10	8.30	2.52	10.18	13.91	18.84	8.90	28.66	3.28	19.92
临沧	35.04	10.08	2.69	15.36	14.23	22.57	11.30	20.57	3.93	18.47
云南	34.69	9.04	2.45	13.76	13.57	19.04	11.05	26.14	3.63	23.43

基于云南主要植胶区橡胶树叶片采样分析测定的养分含量结果，根据橡胶树叶片养分含量指标划分标准逐个进行重分类（表2-5），然后结合诊断区边界得到云南主要植胶区橡胶树叶片养分含量等级分布图（图2-2）。

表2-5　橡胶树叶片营养水平划分标准　　　　（单位：g/kg）

分级	N	P	K	Ca	Mg
极缺	<30.0	<2.0	<8.0	<4.0	<2.5
缺	<33.0	<2.3	<10.0	<6.0	<3.5
正常	33.0 ~ 36.0	2.3 ~ 2.5	10.0 ~ 13.0	6.0 ~ 10.0	3.5 ~ 4.5
丰富	>36.0	>2.5	>13.0	>10.0	>4.5
极丰富	>38.0	>2.8	>15.0	>13.0	>6.0

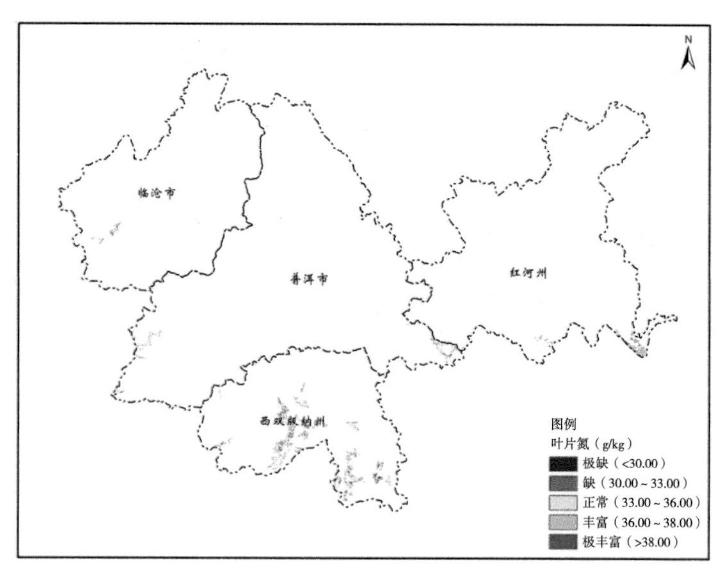

叶片氮含量等级图

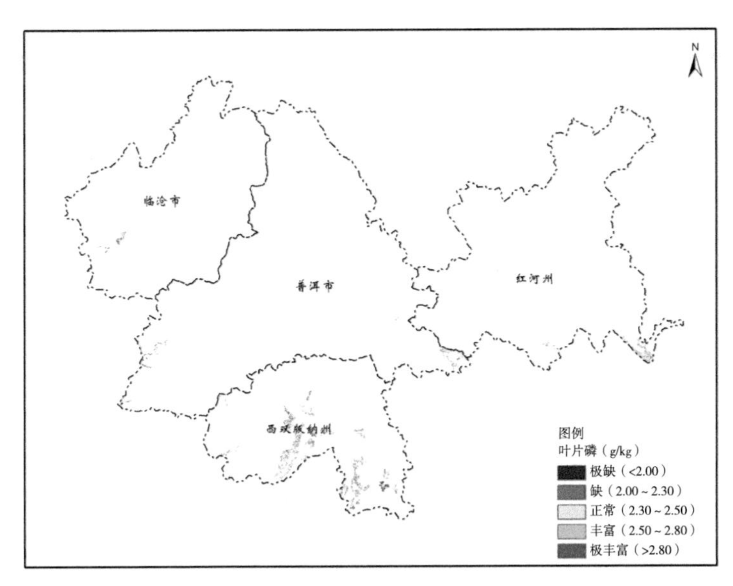

叶片磷含量等级图

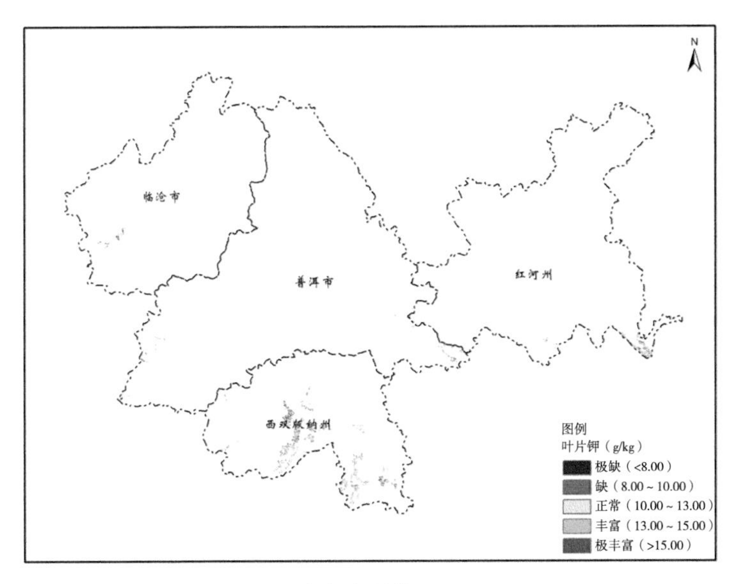

叶片钾含量等级图

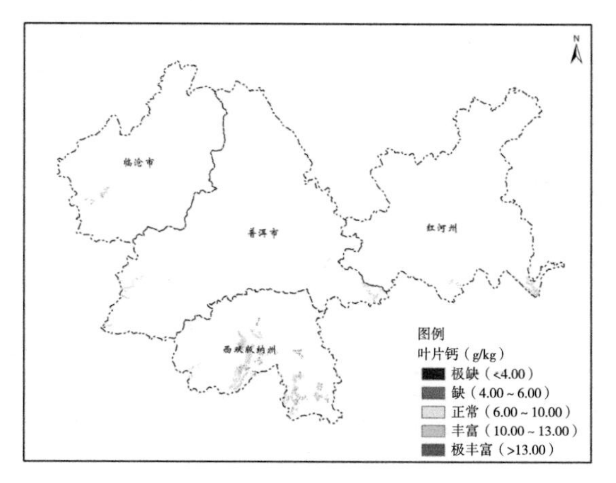

叶片钙含量等级图

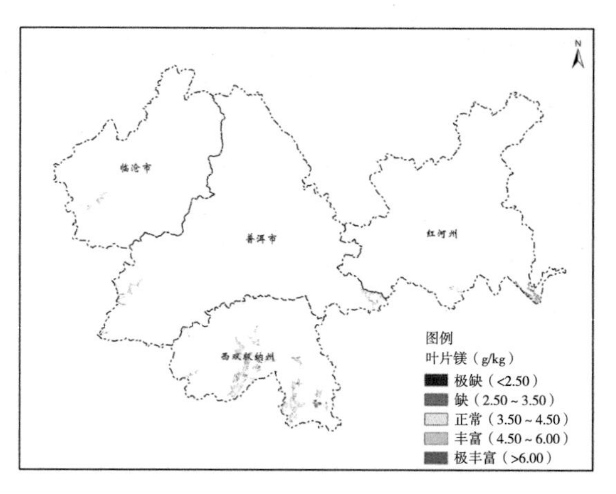

叶片镁含量等级图

图2-2　云南主要植胶区橡胶树叶片养分含量等级图

第二节　云南山地胶园土壤养分特征

适于橡胶树正常生长的土壤（0 ~ 20cm土层）养分含量：有机质20 ~ 25g/kg，全氮0.8 ~ 1.4g/kg，速效钾40 ~ 60mg/kg，有效磷

5～8mg/kg，pH值4.5～5.5（表2-6）。云南不同橡胶种植农场土壤全氮、有机质含量见表2-7。在这16个橡胶种植农场中，土壤全氮含量均值最高的是勐醒农场，最低的是大渡岗农场；变异系数最大的是勐捧农场，最小的是河口农场。勐醒、孟连、西盟、孟定4个农场的土壤全氮含量均达正常水平，甚至60%以上的达丰富水平；土壤全氮含量缺乏比率超出10%的农场有勐腊、勐满、勐养、大渡岗农场。土壤有机质含量均值最高的是西盟农场，最低的是金平农场；变异系数最大的是景洪农场，最小的是金平农场。16个农场的胶园土壤普遍缺乏有机质，有机质缺乏比率最低的是西盟农场，为13.0%，最高的是勐养农场，高达90.0%。

表2-6　适宜橡胶树正常生长的土壤养分含量划分标准

分级	有机质（g/kg）	全氮（g/kg）	有效磷（mg/kg）	速效钾（mg/kg）	pH
缺	<20.0	<0.80	<5.0	<40	<4.5
正常	20.0～25.0	0.80～1.40	5.0～8.0	40.0～60.0	4.5～5.5
丰富	>25.0	>1.40	>8.0	>60	>5.5

云南不同橡胶种植农场土壤有效磷、速效钾含量见表2-8。在这16个橡胶种植农场中，土壤有效磷含量均值最高的是勐满农场，最低的是孟定农场；变异系数最大的是江城农场，最小的是勐满农场。除大渡岗农场外，其他15个农场的胶园土壤均缺乏有效磷，缺乏比率为64.3%～95.6%，土壤有效磷含量缺乏比率超出80%的有东风、景洪、勐捧、勐醒、勐满、橄榄坝、黎明、江城、孟连、西盟、金平、孟定12个农场，占总采样农场的75%。土壤速效钾含量均值最高的是孟连农场，最低的是勐捧农场；变异系数最大的是勐捧农场，最小的是勐养农场。大渡岗、西盟、孟定3个农场的土壤

速效钾含量几乎均达正常水平，甚至78%以上的达丰富水平；土壤速效钾含量缺乏比率超出20%的有东风、勐满、黎明、河口、金平5个农场，缺乏比率在10%～20%的有勐醒、勐腊农场，勐捧农场最高缺乏比率最高，达88.4%。

总体来说，16个农场胶园土壤速效钾含量变异系数最大，为36.53%～100.17%；其次是有效磷含量，变异系数分别为2.55%～63.67%，最小的是全氮、有机质含量，变异系数分别为17.51%～10.67%、18.69%～33.06%。16个农场的胶园土壤普遍缺磷和有机质，有效磷养分缺乏比率最高，为64.3%～95.6%，其次是有机质，为13.0%～90%；部分农场缺氮和钾，其中4个农场缺氮，全氮养分缺乏比率为10.0%～31.1%，8个农场缺钾，速效钾养分缺乏比率为14.7%～88.4%。

西双版纳、普洱、红河、临沧4个植胶区（表2-9）胶园土壤全氮含量均值最高的是临沧植胶区，最低的是西双版纳植胶区；有机质含量均值最高的是红河植胶区，最低的是临沧植胶区；有效磷含量均值最高的是普洱植胶区，最低的是临沧植胶区；速效钾含量均值最高的是临沧植胶区，最低的是普洱植胶区。土壤全氮、速效钾含量变异系数最大的是西双版纳植胶区，最小的分别是红河、临沧植胶区；土壤有机质含量变异系数最大的是临沧植胶区，最小的分别是红河植胶区；土壤速效钾含量变异系数最大的是西双版纳植胶区，最小的是临沧植胶区。

基于云南主要植胶区橡胶园土壤采样分析测定的养分含量结果，根据“适宜橡胶树正常生长的土壤养分含量”指标划分标准逐个进行重分类（表2-6），然后结合诊断区边界得到云南主要植胶区橡胶园各土壤养分含量等级分布（图2-3至图2-7）。

表2-7　各植胶农场土壤全氮、有机质含量

地点	全氮						有机质					
	变幅（g/kg）	均值（g/kg）	变异系数（%）	含量缺乏的比率（%）	含量正常的比率（%）	含量丰富的比率（%）	变幅（g/kg）	均值（g/kg）	变异系数（%）	含量缺乏的比率（%）	含量正常的比率（%）	含量丰富的比率（%）
东风农场	0.49~2.27	1.42	21.26	2.6	48.0	49.4	6.68~39.05	21.69	24.20	36.7	37.8	25.5
景洪农场	0.13~0.30	1.61	27.99	3.4	27.1	69.6	6.71~55.55	24.92	33.06	28.6	26.0	45.4
勐捧农场	0.44~3.28	1.47	28.88	3.5	42.9	53.6	5.63~42.62	19.56	31.55	56.9	26.0	17.0
勐醒农场	1.04~2.66	1.87	19.78	0	8.1	91.9	11.62~44.50	23.48	24.45	22.1	47.1	30.9
勐腊农场	0.54~2.11	1.06	27.66	17.3	68.7	14.0	7.87~34.95	17.96	26.24	72.4	19.3	8.2
勐满农场	0.52~1.88	1.10	23.44	10.0	76.4	13.6	7.27~30.16	18.00	23.11	68.8	26.0	5.2
橄榄坝农场	0.79~2.14	1.50	20.41	1.0	39.0	60.0	8.26~33.22	22.49	19.80	29.0	39.5	31.4
黎明农场	0.66~2.52	1.25	27.97	8.1	64.5	27.4	11.76~44.21	25.79	25.14	17.7	32.3	50.0
勐养农场	0.59~1.61	1.02	21.39	15.7	78.6	5.7	8.90~24.25	15.64	20.41	90.0	10.0	0
大渡岗农场	0.45~1.46	0.90	21.84	31.1	68	0.9	10.52~36.64	18.60	22.95	67.0	26.2	6.8
江城农场	0.65~3.12	1.57	25.84	1.5	33.8	64.6	5.53~43.00	23.24	27.15	31.5	26.5	41.9
孟连农场	0.88~3.04	1.74	25.32	0	22.4	77.6	10.50~42.91	26.20	28.33	17.6	23.5	58.8
西盟农场	0.98~3.30	1.86	27.32	0	21.9	78.1	15.12~45.36	28.51	25.20	13.0	25.3	61.6
河口农场	0.65~2.07	1.29	17.51	0.6	70.8	28.6	4.42~40.24	19.81	26.79	59.0	26.7	14.3
金平农场	0.79~1.99	1.40	21.52	2.2	48.9	48.9	11.75~25.35	17.43	18.69	80.0	17.8	2.2
孟定农场	0.82~2.37	1.53	22.89	0	37.4	62.6	10.21~37.91	20.20	28.78	52.8	28.8	18.4

表2-8　各农场土壤有效磷、速效钾养分含量

地点	有效磷						速效钾					
	变幅（g/kg）	均值（g/kg）	变异系数（%）	含量缺乏的比率（%）	含量正常的比率（%）	含量丰富的比率（%）	变幅（g/kg）	均值（g/kg）	变异系数（%）	含量缺乏的比率（%）	含量正常的比率（%）	含量丰富的比率（%）
东风农场	1.11 ~ 17.11	2.61	63.59	95.6	3.2	1.2	15.89 ~ 369.50	64.90	75.92	27.8	35.3	36.9
景洪农场	0.65 ~ 36.22	3.71	95.64	83.5	11.1	5.4	19.93 ~ 339.21	95.07	65.19	7.7	28.6	63.7
勐捧农场	0.87 ~ 69.39	4.74	139.43	80.0	9.0	11.0	0.65 ~ 27.32	3.13	100.17	88.4	3.4	8.2
勐醒农场	1.06 ~ 11.20	2.72	55.88	95.6	3.7	0.7	18.85 ~ 247.91	70.12	63.27	14.7	41.9	43.4
勐腊农场	1.13 ~ 49.00	5.88	116.86	77.0	12.8	10.3	13.91 ~ 345.08	86.32	73.56	17.7	25.5	56.8
勐满农场	17.37 ~ 235.00	63.67	52.51	83.6	11.2	5.2	1.42 ~ 18.52	4.03	61.49	26.0	35.2	38.8
橄榄坝农场	1.38 ~ 20.87	3.75	75.61	85.2	9.0	5.7	25.48 ~ 307.02	88.80	58.25	6.7	23.8	69.5
黎明农场	1.38 ~ 20.87	3.86	82.2	90.3	4.8	4.8	19.17 ~ 225.43	79.62	63.13	21.0	25.8	53.2
勐养农场	1.90 ~ 21.06	4.93	60.74	64.3	27.1	8.6	31.82 ~ 157.33	76.83	36.53	4.3	27.1	68.6
大渡岗农场	1.05 ~ 145.43	42.80	87.21	12.6	3.9	83.5	54.60 ~ 366.26	68.03	41.71	0	3.9	96.1
江城农场	0.31 ~ 33.13	4.01	144.71	91.5	3.5	5.0	26.87 ~ 323.50	77.90	55.09	5.0	31.2	63.8
孟连农场	0.73 ~ 27.69	4.29	118.29	81.2	7.1	11.8	4.11 ~ 427.70	160.65	66.80	2.4	2.4	95.3
西盟农场	0.65 ~ 27.32	3.13	100.17	88.4	3.4	8.2	33.85 ~ 342.59	118.86	49.67	0.7	7.5	91.8
河口农场	0.74 ~ 37.05	5.16	98.14	70.8	14.3	14.9	20.85 ~ 346.45	55.31	62.29	30.1	41.9	28.0
金平农场	1.27 ~ 13.98	3.77	78.23	84.4	8.9	6.7	25.28 ~ 176.51	64.70	43.79	22.2	28.9	48.9
孟定农场	0.65 ~ 23.16	2.55	119.05	91.4	5.5	3.1	39.91 ~ 311.68	100.44	56.87	0.6	20.9	78.5

表2-9　各植胶区土壤养分状况

植胶区	全氮		有机质		有效磷		速效钾	
	均值（g/kg）	变异系数（%）	均值（g/kg）	变异系数（%）	均值（g/kg）	变异系数（%）	均值（g/kg）	变异系数（%）
西双版纳	1.39	25.02	20.92	26.94	11.60	92.84	53.86	73.38
普洱	1.50	22.23	20.89	24.36	21.48	65.41	53.17	64.52
红河	1.47	21.34	22.89	20.45	3.76	76.42	87.67	58.85
临沧	1.53	22.89	20.20	28.78	2.55	119.05	100.44	56.87
云南	1.42	24.15	21.09	25.99	11.74	88.50	59.46	69.95

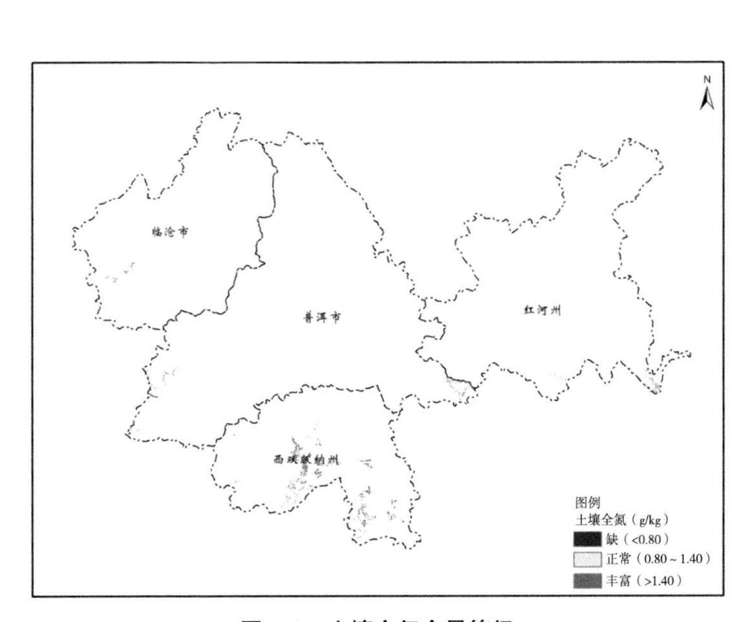

图2-3　土壤全氮含量等级

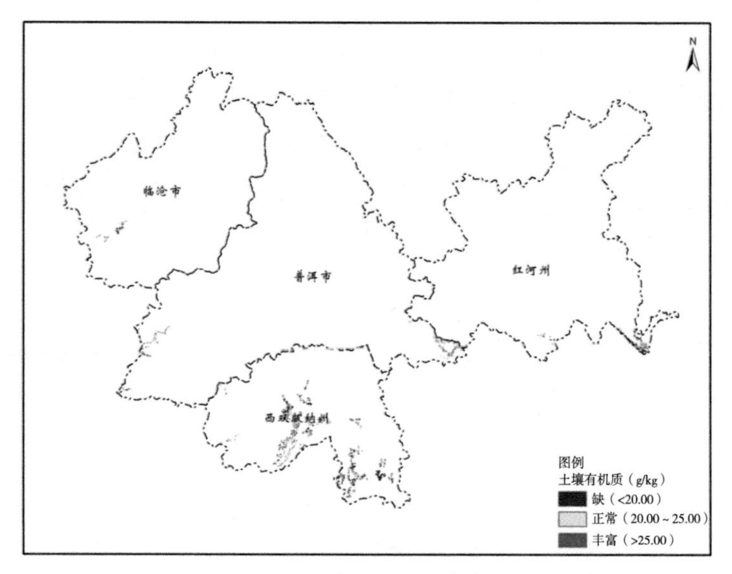

图2-4　土壤有机质含量等级

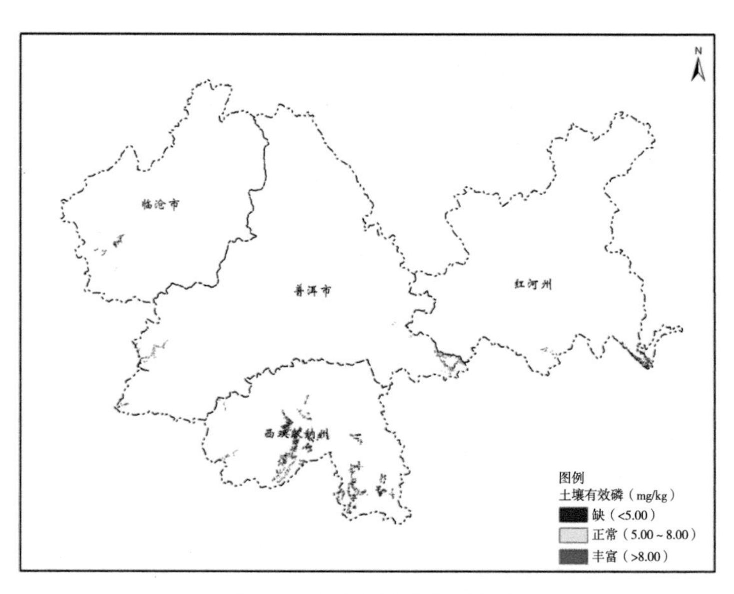

图2-5　土壤有效磷含量等级

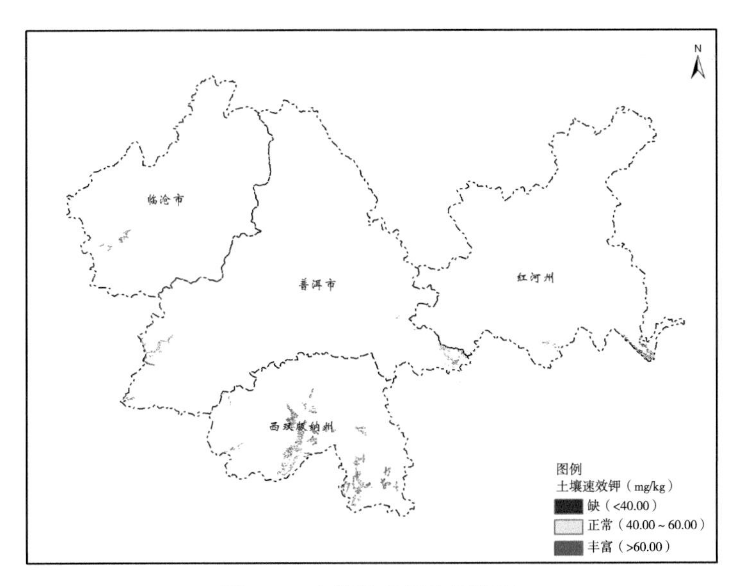

图2-6　土壤速效钾含量等级

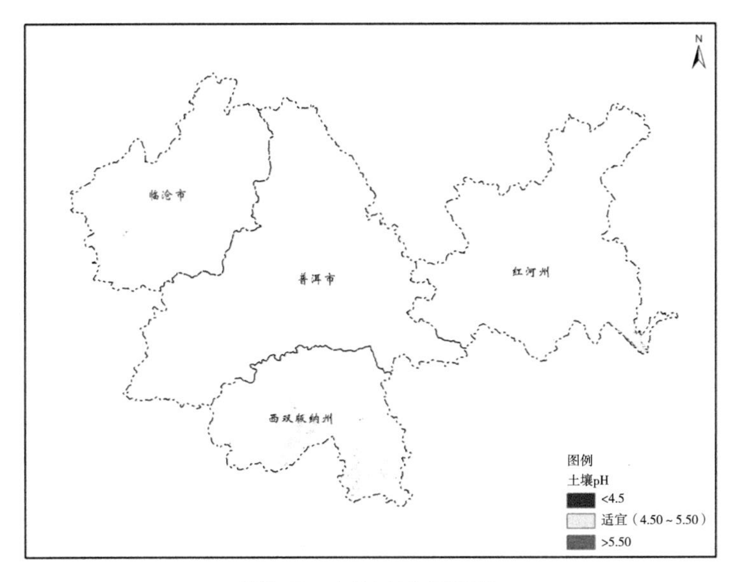

图2-7　土壤pH含量等级

第二章 橡胶树施肥信息管理系统的研究与示范

在我国植胶业的发展历程中，施肥一直都是保证橡胶树增产、稳产的基本措施，对我国植胶业的发展发挥了极其重要的作用。然而，经过多年的植胶生产，各植胶区已面临单产提升困难、土壤养分大面积下降等重大问题，植胶生产中胶园养分管理技术和施肥技术亟待提升。我国橡胶树营养诊断指导施肥的研究工作开始于20世纪60年代，70年代对橡胶树的诊断指标、采样时期和施肥量等做了比较系统的研究，提出了橡胶树正常生长的土壤和叶片营养诊断指标，并根据营养诊断结果指导施肥，可以显著提高肥效。但是，由于各方面条件的限制，橡胶树施肥一直没有进一步精细化、系统化。精准化施肥是现代农业，也是现代天然橡胶树种植业发展的必然趋势，应用现代信息技术建立橡胶树施肥信息管理系统，采用精准变量的施肥技术，对胶园进行精确化施肥决策是橡胶树施肥工作的发展趋势。

以云南西双版纳东风农场作为试验区，通过收集试验区胶园基础信息、各林段的林谱信息和割胶制度等基础数据，合理划分橡胶园的诊断区，并对各诊断区进行GPS定位采样分析，综合利用高分辨率遥感影像、土地利用现状数据等基础地理数据，建立东风农场试验区细网格化的胶园养分管理数据库；结合多年的田间试验，研发出9种施肥配方并开展肥效验证试验，依据橡胶树叶片营养元素丰、缺隶属函数，建立了适合云南植胶区的橡胶树施肥决策模型；

在橡胶园养分分区管理的基础上，结合橡胶树施肥决策模型，构建一套橡胶树施肥信息管理系统，实现橡胶树施肥的精准化、智能化和网络化。

第一节 橡胶园养分分区管理

我们把橡胶树营养诊断的最小单元定义为诊断区。因此，橡胶园养分分区管理的主要内容为：①橡胶园诊断区的划定；②橡胶园诊断区基础属性数据的整理。

一、橡胶园诊断区的划定

橡胶园诊断区的划定，需要农场各生产队技术人员配合才能完成，流程如下：①农场基础地理数据的收集与整理，主要包括土地利用现状数据、高分辨率遥感影像数据等；②对农场各生产队进行基本情况调查，调查项目主要包括土壤类型、成土母质、开割胶园面积、植胶品种、割龄、施肥情况等；③针对农场各生产队技术人员举办相关培训，培训内容包括橡胶树营养诊断指导施肥技术、诊断区的划分、植胶土壤的分类、采样时间和采样方法等，统一采样方法和技术要求；④诊断区的初步划分。以生产队为单位，把相邻的相同类型的林段、山头、树位划成一个诊断区。确定诊断区的数量及各诊断区的大致范围；⑤对各诊断区进行橡胶树叶片和胶园土壤样品的GPS定位采集；⑥诊断区边界数字化。

（一）基础地理数据的收集与整理

1. 土地利用现状数据

利用东风农场1：5万纸质现状图，该图包括东风农场辖区，土地利用现状、农场居民点、道路、河流和行政边界等要素，首

先将该纸质图进行扫描，扫描精度为真彩色600dpi，生成电子地图；然后利用纸质图上标示的经纬度信息，在ArcGIS平台下利用Georeference模块对该图进行地理校正，校正精度为1个像元。再以该图为底图，按点、线、面不同类型分别进行数字化，数字化要素包括东风农场居民点、水系（单线河和面状水系）、道路、东风农场辖区。

2. 高空间分辨率遥感影像数据

随着小型无人机航拍技术的发展，目前航拍影像的空间分辨率可达20cm，甚至更高。如40cm空间分辨率的航拍影像可清楚识别橡胶林、居民用地、道路、水塘、林地、香蕉地、水田、河流等地物，且地物轮廓清晰，可直接用于目视解译。由于橡胶林一般呈环状和条带状种植，且一般以道路，河流、小山头、沟谷为诊断区边界，各诊断区技术负责人依据这些特征在室内即可准确确定诊断区边界，既省时又省力。因此最终选择利用高分辨率航拍影像来划定东风农场诊断区边界。

依据东风农场1：5万现状图中东风农场的辖区范围（图3-1中绿色区域），确定航拍影像范围，经初步测算，此次所航拍面积为600km^2，位置和范围如下图中红色方框所示。

以能清楚识别不同地物、节省经费为原则，经过对比20cm、30cm、40cm、50cm、60cm的航拍影像，确定本次航拍影像分辨率为40cm。同时考虑到橡胶林在非落叶区具有较好的识别特征以及航拍时的天气条件，航拍时间定为9—10月进行。航拍前，首先对航拍路线和飞行架次进行设计，经过测算，将研究区分为10个架次进行拍摄。利用快眼Ⅱ型无人机飞行平台共分10个架次对研究区进行航拍。经航拍影像室内处理后，得到坐标系为WGS-84的0.4m分辨率的东风农场航拍影像（图3-2）。

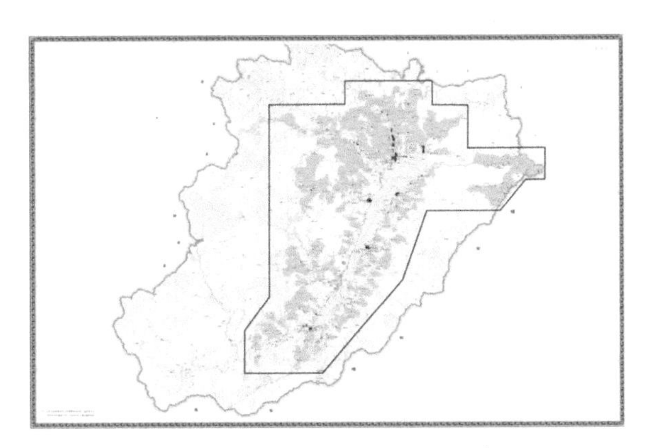

图3-1　东风农场航拍范围示意

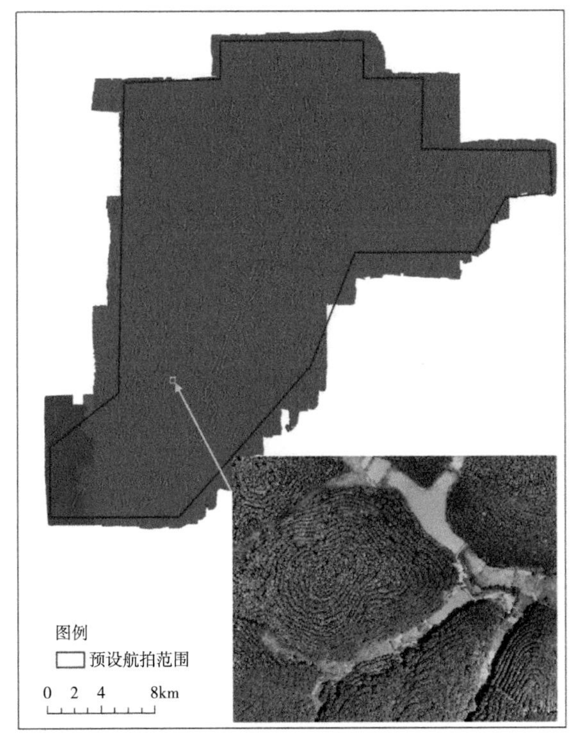

图3-2　东风农场航拍影像

（二）橡胶园诊断区初步划分

诊断区根据土壤类型、橡胶树类型（品种、树龄）、割胶制度和施肥管理等划分，在一个诊断单位内，要求土壤类型、坡向、植胶品种、定植年限、割胶制度、施肥管理等条件基本一致。一般以生产队为单位，把相邻的相同类型的林地、山头、树位划成一个诊断区。

通过对农场各生产队进行基本情况调查以及针对农场各生产队技术人员举办相关培训，在各生产队技术人员的支持下，将东风农场初步划分为777个诊断区。

（三）诊断区GPS定位点数据集建立

定位采样时在诊断区相对中心点，采集1个叶片样品和1个土壤样品，利用数码相机记录采样点的环境状况，并在纸质记录表上记录经度、纬度、海拔、照片编号、诊断区、生产队、居民组、诊断单位、片区等基本信息。定位采样工作完成后，对采集信息进行电子化录入，生成东风农场诊断区GPS定位点信息表。

根据所记录各诊断区相对中心点经纬度信息，利用ArcGIS的添加*X*，*Y*数据功能，通过指定*X*坐标（经度）和*Y*坐标（纬度）所对应的字段，并定义坐标系统为WGS84，生成诊断区GPS采样点空间数据集（图3-3）。

该数据集包括经度、纬度、海拔、照片编号、诊断区、生产队、居民组、诊断单位和片区等信息。空间要素属性表结构如表3-1所示。

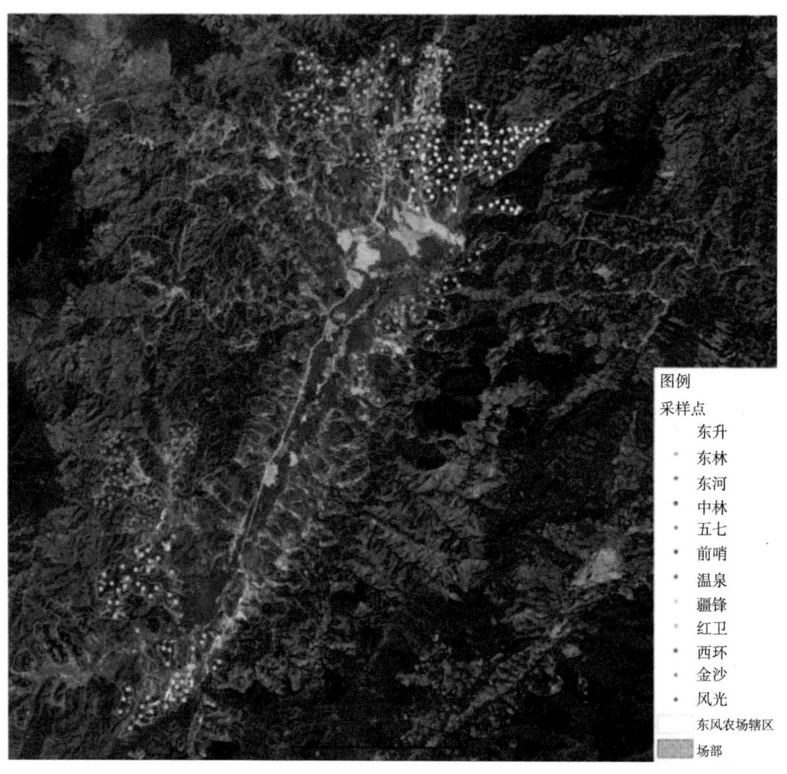

图3-3　东风农场诊断区GPS定位点空间分布

表3-1　东风农场诊断区GPS定位点空间属性表结构

字段名称	字段说明	类型	长度	备注
BW	北纬	float	8	
DJ	东经	float	8	
HB	海拔	float	8	
ZPBH	照片编号	nvarchar	20	
ZDQ	诊断区	nvarchar	20	

（续表）

字段名称	字段说明	类型	长度	备注
SCD	生产队	nvarchar	20	
JMZ	居民组	int	4	
ZDDWBH	诊断单位编号	int	4	
PQ	片区	nvarchar	20	

（四）诊断区边界数字化

利用ArcGIS软件平台，叠加航拍影像，之前已数字化的居民点名称、道路、河流和诊断区GPS采样定位点等基础矢量数据的基础上，在当地生产技术人员的支持下，利用航拍影像的河谷、道路、农田边界、房屋、林相差异等辅助信息，逐个生产队，逐个诊断区进行诊断区边界数字化（图3-4），最终的诊断区边界如图3-5所示。

图3-4　东风农场诊断区边界数字化界面

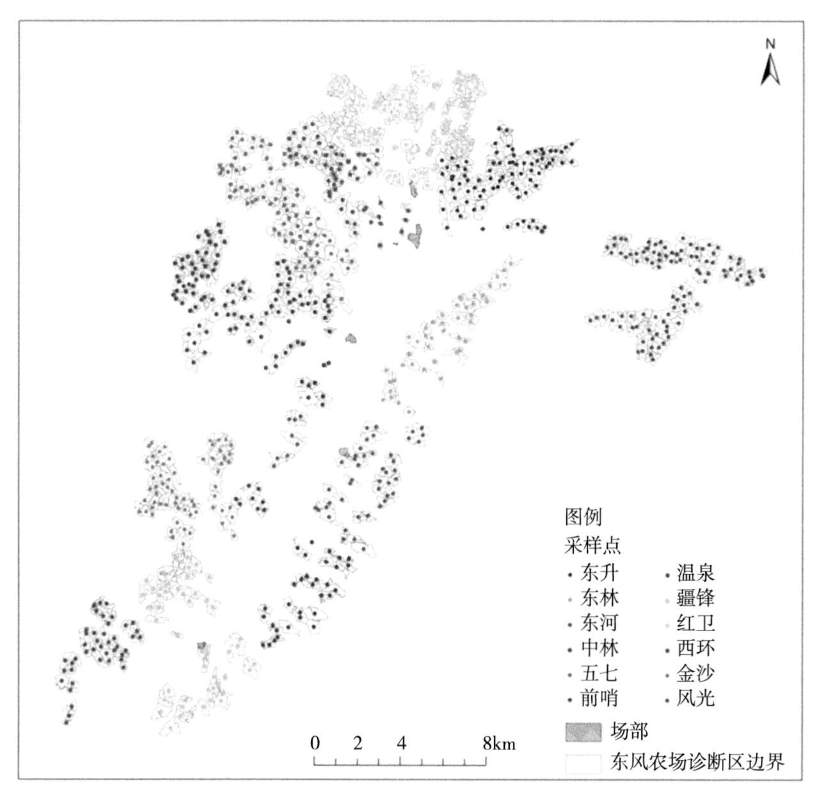

图3-5　东风农场诊断区边界数字化最终结果

二、橡胶园诊断区基础属性数据的整理

（一）东风农场诊断区基础信息

东风农场诊断区基础信息主要包括每年固定不变的品系、土层厚度、土壤类型、土壤质地、前作、株行距、定植时间、开割时间和每年均在变化的诸如产量、施肥、叶片营养和土壤营养等两类信息。

1. 东风农场诊断区基础信息表整理汇总表（每年固定不变）

对东风农场提交的诊断区基础信息表进行整理汇总和表头处

理，整理后的表格包括诊断区、生产队、片区、品系、土层厚度、土壤类型、土壤质地、植被覆盖率、前作、株行距、居民组、诊断单位编号、单元数、定植时间、开割时间等字段（图3-6）。

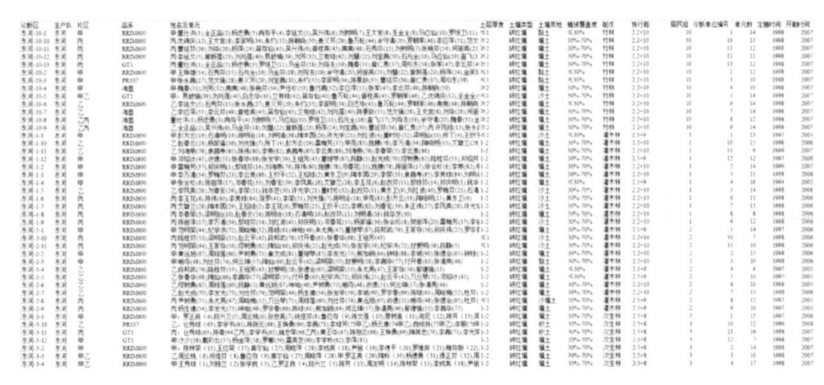

图3-6　东风农场诊断区基础信息表（每年固定不变）

2. 东风农场诊断区基础信息表整理汇总表（逐年变化）

对东风农场提交的2008—2012年诊断区产量表、施肥情况表、叶片、土壤养分情况表分年度进行整理汇总和表头处理，整理后的表格包括开割面积（亩*）、割株（株）、正常（株）、病残（株）、其他（株）、生产胶乳（kg）、生产干胶（kg）、乳干胶（kg）、杂干胶、亩产（kg/亩）、株产（kg/株）、年平均干胶含量（%）、年总割次（刀次）、树围（cm）、施肥种类，施肥量（kg/株），养分含量（%）、施肥方式、割制、叶片氮（g/kg）、叶片磷（g/kg）、叶片钾（g/kg）、叶片钙（g/kg）、叶片镁（g/kg）、土壤全氮（g/kg）、土壤有机质（g/kg）、土壤速效钾（mg/kg）、土壤有效磷（mg/kg）、土壤pH值等字段（图3-7）。

---

* 1亩≈667m^2。全书同

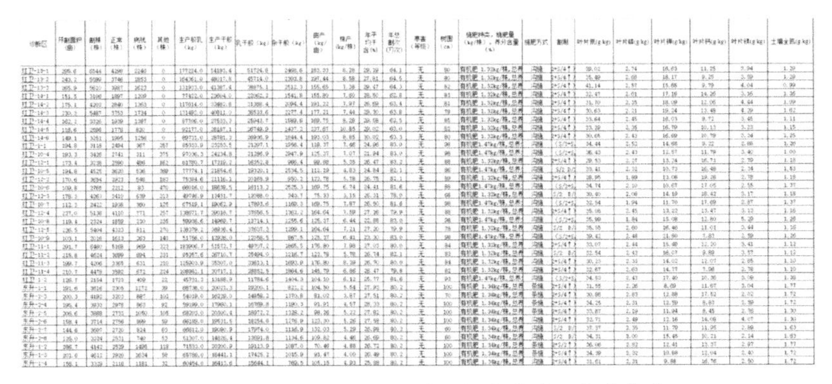

诊断区	开割面积(亩)	割株(株)	正常(株)	病残(株)	其他(株)	生产胶乳(kg)	生产干胶(kg)	乳干胶(kg)	杂干胶(kg)	亩产(kg/亩)	株产(kg/株)	年平均干含(%)	年总割次(刀次)	寒害(等级)	树围(cm)	施肥种类，施肥量(kg/株)，养分含量(%)	施肥方式	割制	叶片氮(g/kg)	叶片磷(g/kg)	叶片钾(g/kg)	叶片钙(g/kg)	叶片镁(g/kg)	土壤全氮(g/kg)
红卫-13-1	205.6	6544	4290	2240	0	177224.0	54195.4	51724.8	2468.6	183.20	8.28	29.19	64.1	无	90	有机肥 1.32kg/株，总养	沟施	2+5/4↑	39.02	2.74	16.63	11.25	3.94	1.29
红卫-13-2	243.2	5599	3746	1853	0	164361.0	48017.8	45714.0	2303.8	197.44	8.58	27.81	64.5	无	90	有机肥 1.32kg/株，总养	沟施	2+5/4↑	35.40	2.60	18.17	9.25	3.59	1.29
红卫-13-3	265.9	5610	3987	1623	0	131923.0	41387.4	38875.1	2512.3	155.65	7.38	29.47	64.3	无	82	有机肥 1.32kg/株，总养	沟施	2+5/4↑	41.14	2.57	15.68	9.79	4.04	0.99
红卫-14-1	151.3	3106	1897	1209	0	77422.0	23604.0	22062.2	1541.8	155.80	7.60	28.50	62.8	无	83	有机肥 1.32kg/株，总养	沟施	2+5/4↑	32.47	2.61	17.19	14.26	3.36	1.36
红卫-14-2	175.1	4203	2840	1363	0	117014.0	33482.8	31388.4	2094.4	191.22	7.97	26.69	63.4	无	81	有机肥 1.32kg/株，总养	沟施	2+5/4↑	31.70	2.35	18.09	12.06	4.44	1.09
红卫-14-3	230.3	5487	3753	1734	0	131482.0	40811.0	38533.6	2277.4	177.21	7.44	29.30	63.8	无	79	有机肥 1.32kg/株，总养	沟施	2+5/4↑	30.63	2.21	19.24	13.48	4.29	1.62
红卫-14-4	162.1	3326	1939	1387	0	97306.0	27533.3	25943.7	1589.6	169.75	8.28	28.56	62.5	无	85	有机肥 1.32kg/株，总养	沟施	2+5/4↑	33.64	2.45	16.03	9.72	3.45	1.11
红卫-14-5	118.6	2596	1776	820	0	92177.0	28187.1	26749.9	1437.2	237.67	10.85	29.02	63.0	无	82	有机肥 1.32kg/株，总养	沟施	2+5/4↑	33.39	2.36	16.79	10.13	3.23	1.15
红卫-14-6	149.1	3251	1995	1256	0	89731.0	28781.3	26936.9	1844.4	193.03	8.85	30.02	63.3	无	92	有机肥 1.32kg/株，总养	沟施	2+5/4↑	30.65	2.43	16.69	10.79	3.24	1.25
红卫-1-1	194.8	3118	2494	367	257	85353.9	23255.5	21297.1	1958.4	119.37	7.46	24.96	83.0	无	98	有机肥1.47kg/株，总养	沟施	(S/2+S,	34.44	2.52	14.68	9.22	2.66	1.26
红卫-10-4	193.3	3426	2741	311	375	97036.3	24234.8	21286.9	2947.9	125.37	7.07	21.94	83.0	无	98	有机肥1.47kg/株，总养	沟施	(S/2+S,	36.43	2.43	12.57	11.79	3.40	1.00
红卫-12-1	173.4	3238	2590	486	162	61780.7	17319.2	16352.8	966.4	99.88	5.35	26.47	83.2	无	88	有机肥 1.32kg/株，总养	沟施	2+5/4↑	29.53	2.27	13.24	16.71	2.79	1.18
红卫-10-5	194.8	4525	3620	536	369	77774.1	21854.6	19320.1	2534.5	112.19	4.83	24.84	82.1	无	96	有机肥1.47kg/株，总养	沟施	S/2 D/	33.41	2.32	10.73	16.48	2.34	1.53
红卫-12-2	170.6	3654	2923	548	183	75384.6	21116.1	20165.9	950.2	123.78	5.78	26.75	82.1	无	90	有机肥 1.32kg/株，总养	沟施	2+5/4↑	28.95	1.69	13.06	19.26	2.78	1.19
红卫-10-6	109.8	2765	2212	83	470	68016.0	18639.5	16113.2	2525.3	169.75	6.74	24.41	81.6	无	86	有机肥1.47kg/株，总养	沟施	(S/2+S,	34.74	2.10	10.67	17.05	2.55	1.37
红卫-12-3	176.3	4263	3410	639	213	49746.9	13431.7	13088.0	343.7	75.33	3.15	26.31	78.0	无	68	有机肥 1.32kg/株，总养	沟施	S/2 D/	30.40	2.06	14.19	18.42	3.17	1.18
红卫-10-7	112.2	2422	1938	369	126	67519.1	19062.9	17893.6	1169.3	169.75	7.87	26.50	81.6	无	98	有机肥1.47kg/株，总养	沟施	(S/2+S,	32.54	1.94	11.70	17.69	2.87	1.37
红卫-12-4	237.0	5138	4110	771	257	138071.7	39018.7	37656.5	1362.2	164.64	7.59	27.26	79.9	无	98	有机肥 1.32kg/株，总养	沟施	2+5/4↑	35.06	2.45	13.22	13.47	3.12	1.16
红卫-10-8	119.4	2324	1859	230	235	50936.6	14969.7	13714.1	1255.6	125.37	6.44	22.88	83.0	无	98	有机肥1.47kg/株，总养	沟施	(S/2+S,	35.99	1.84	15.08	12.80	5.29	1.26
红卫-12-5	126.5	5404	4323	811	270	130379.2	38936.4	37637.3	1299.1	164.64	7.21	27.20	79.9	无	78	有机肥 1.32kg/株，总养	沟施	S/2 D/	35.35	2.60	16.46	11.01	3.44	1.36
红卫-10-9	103.1	2016	1613	263	140	51756.0	12926.0	12058.5	867.5	125.27	6.41	23.30	83.0	无	98	有机肥1.47kg/株，总养	沟施	(S/2+S,	39.42	2.48	11.60	7.87	2.59	1.26
红卫-11-1	291.7	6460	5168	969	323	183906.7	51572.7	49707.2	1865.5	176.80	7.98	27.03	80.0	无	84	有机肥 1.32kg/株，总养	沟施	2+5/4↑	33.07	2.44	15.40	12.20	3.41	1.12
红卫-11-2	215.8	4624	3699	694	231	95257.6	26710.7	25494.0	1216.7	123.78	5.78	26.74	82.1	无	93	有机肥 1.32kg/株，总养	沟施	S/2 D/	32.54	2.43	16.07	9.89	3.57	1.12
红卫-11-3	199.7	4206	3365	631	210	125203.9	35307.0	33613.1	1693.9	176.80	8.39	26.70	80.0	无	94	有机肥 1.32kg/株，总养	沟施	2+5/4↑	30.25	2.35	14.02	12.07	2.85	1.10
红卫-11-4	210.7	4479	3582	672	224	108982.1	30717.1	28852.5	1864.6	145.79	6.86	28.47	79.8	无	82	有机肥 1.32kg/株，总养	沟施	2+5/4↑	32.67	2.63	14.77	7.98	2.78	1.20
红卫-1-2	126.7	2154	1723	409	22	45731.3	13188.9	11784.6	1404.3	104.10	6.12	25.77	84.6	无	93	有机肥1.47kg/株，总养	沟施	(S/2+S,	34.53	2.43	17.40	10.36	3.09	1.36
东升-1-1	191.6	3616	2305	1172	39	68736.0	20021.3	19200.1	821.2	104.50	5.54	27.93	80.2	无	100	有机肥 1.34kg/株，总养	穴施	2+5/4↑	31.55	2.26	8.69	11.67	3.04	1.77
东升-2-3	200.3	4192	3203	887	102	54019.0	16229.0	14858.2	1370.8	81.02	3.87	27.51	80.2	无	70	有机肥 1.34kg/株，总养	穴施	2+5/4↑	30.86	2.63	12.88	17.52	2.02	1.72
东升-2-4	195.4	3932	2978	863	92	59199.0	17980.1	16789.8	1190.3	91.93	4.57	28.33	80.2	无	100	有机肥 1.34kg/株，总养	穴施	2+5/4↑	34.25	2.31	12.59	8.83	2.59	1.72
东升-2-5	206.6	3888	2731	1050	105	68203.0	20300.4	18972.2	1328.2	98.26	5.22	27.82	80.2	无	100	有机肥 1.34kg/株，总养	穴施	2+5/4↑	33.87	2.19	11.94	8.45	2.76	1.30
东升-2-6	158.4	3714	2756	909	59	66180.0	19531.5	18254.6	1276.9	123.30	5.26	27.59	80.2	无	100	有机肥 1.34kg/株，总养	沟施	2+5/4↑	33.71	2.49	12.16	14.06	4.07	1.30
东升-2-7	144.6	3697	2720	924	65	66812.0	19090.9	17974.0	1116.9	132.03	5.29	26.99	80.2	无	60	有机肥 1.34kg/株，总养	沟施	S/2 D/	37.37	2.35	11.70	11.95	2.89	1.63
东升-2-8	136.0	3234	2531	740	53	51307.0	14826.4	13691.8	1134.6	109.82	4.46	26.69	80.2	无	60	有机肥 1.34kg/株，总养	沟施	S/2 D/	34.31	3.00	15.45	10.21	2.14	1.63
东升-1-2	286.7	4147	2539	1496	119	71833.0	20200.9	19113.9	1087.0	70.46	4.88	26.72	80.2	无	100	有机肥 1.34kg/株，总养	穴施	2+5/2↑	36.06	2.82	12.41	13.37	2.97	1.77
东升-1-3	203.6	4612	2920	1634	58	65780.0	18441.1	17425.2	1015.9	93.47	4.00	28.49	80.2	无	100	有机肥 1.34kg/株，总养	穴施	2+5/4↑	34.39	2.32	10.88	12.04	2.40	1.72
东升-1-4	156.1	3329	2116	1181	32	60454.0	16413.6	15644.1	769.5	105.15	4.93	25.88	80.2	无	100	有机肥 1.34kg/株，总养	沟施	2+5/4↑	31.61	2.31	9.88	16.76	2.50	1.72

图3-7　东风农场诊断区基础信息表（逐年变化）

（二）东风农场橡胶园养分空间分布

1. 橡胶树叶片养分空间分布

东风农场橡胶树叶片养分含量等级（图3-8至图3-12）是基于东风农场橡胶树叶片采样分析测定的养分含量结果，根据橡胶树叶片养分含量指标划分标准（表2-5）逐个进行重分类，然后结合东风农场诊断区边界得到。

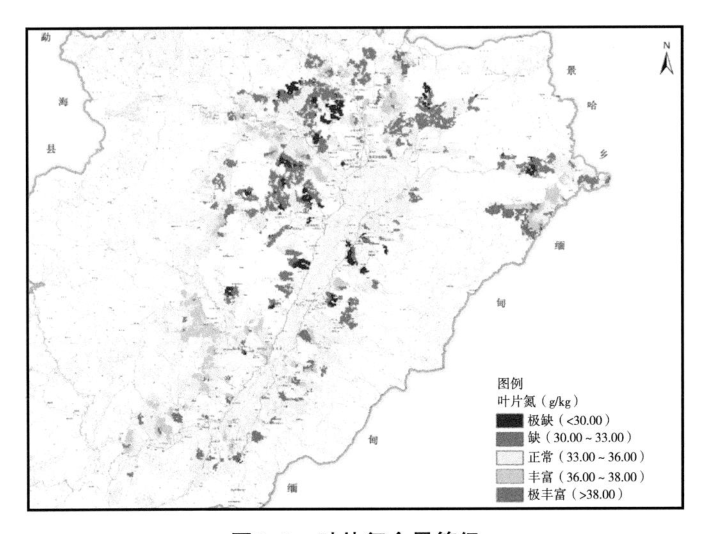

图3-8　叶片氮含量等级

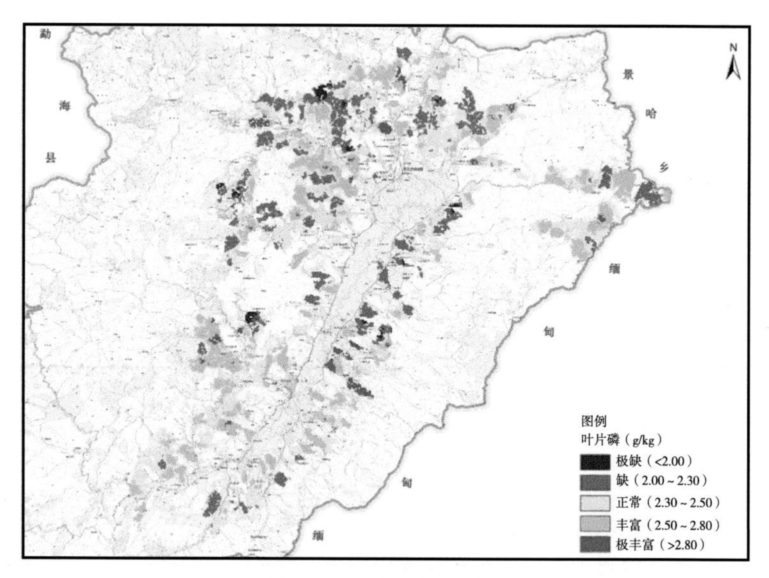

图3-9　叶片磷含量等级

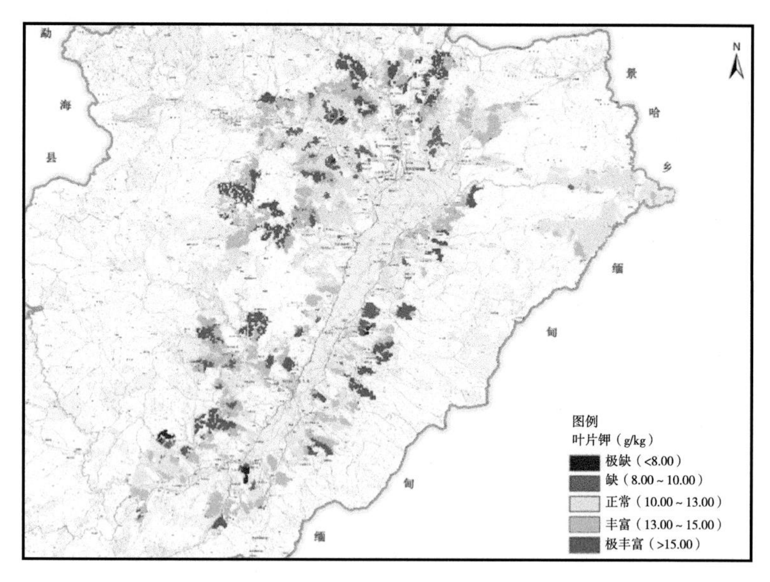

图3-10　叶片钾含量等级

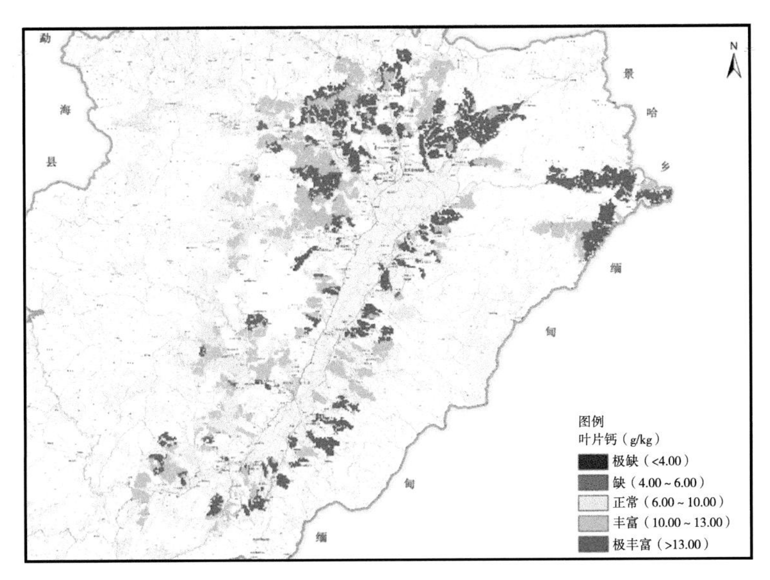

图3-11 叶片钙含量等级

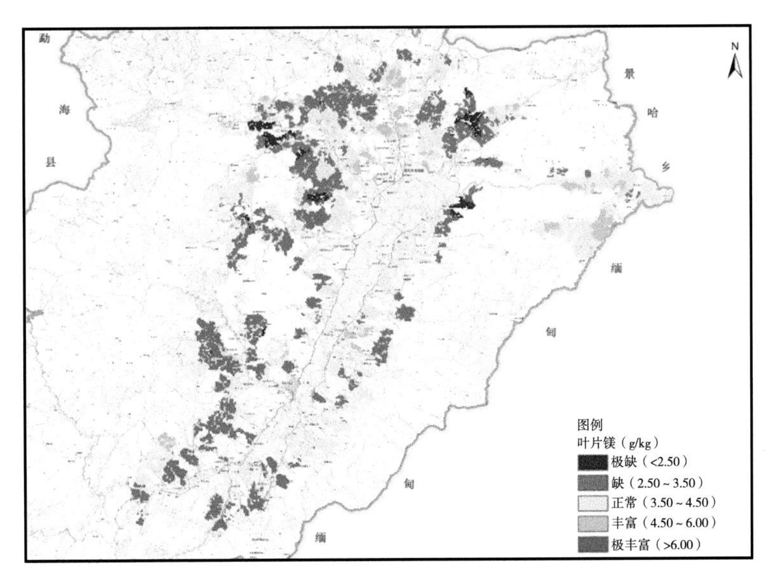

图3-12 叶片镁含量等级

2. 橡胶园土壤养分空间分布

结合东风农场诊断区边界，根据“适宜橡胶树正常生长的土壤养分含量”指标划分标准（表2-6）对东风农场土壤养分含量克里格估值图结果逐个进行重分类，得到东风农场橡胶园土壤养分含量等级（图3-13至图3-17）。

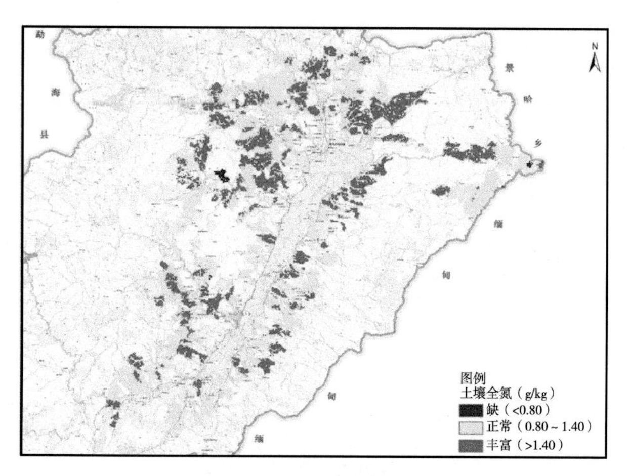

图3-13　土壤全氮含量等级

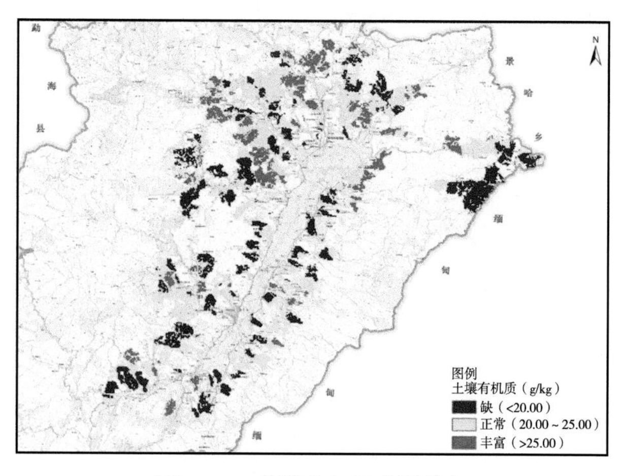

图3-14　土壤有机质含量等级

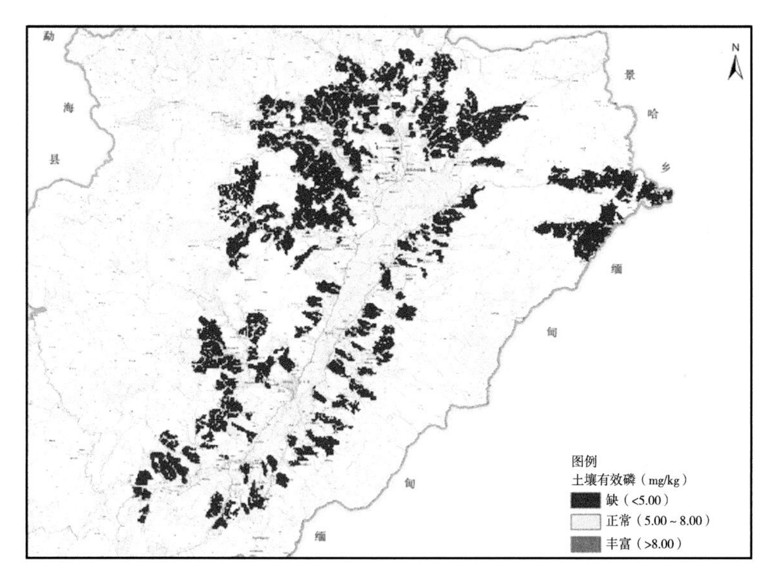

图3–15　土壤有效磷含量等级

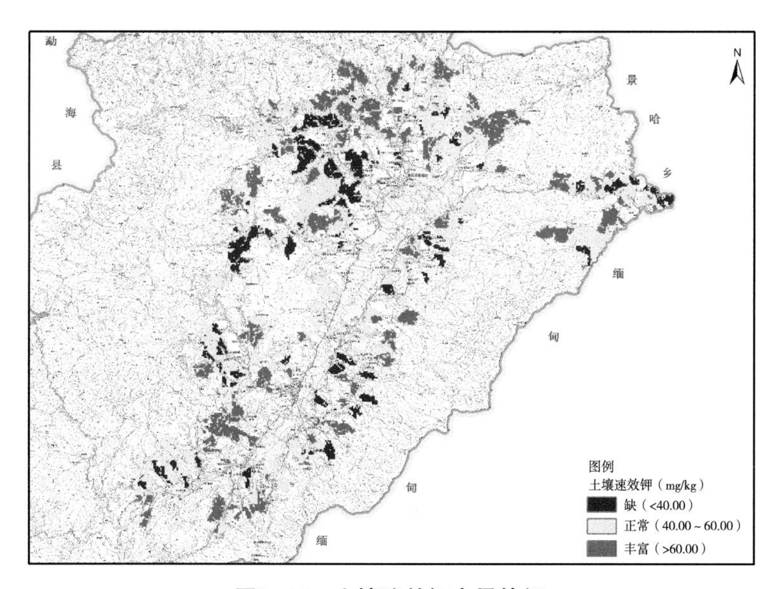

图3–16　土壤速效钾含量等级

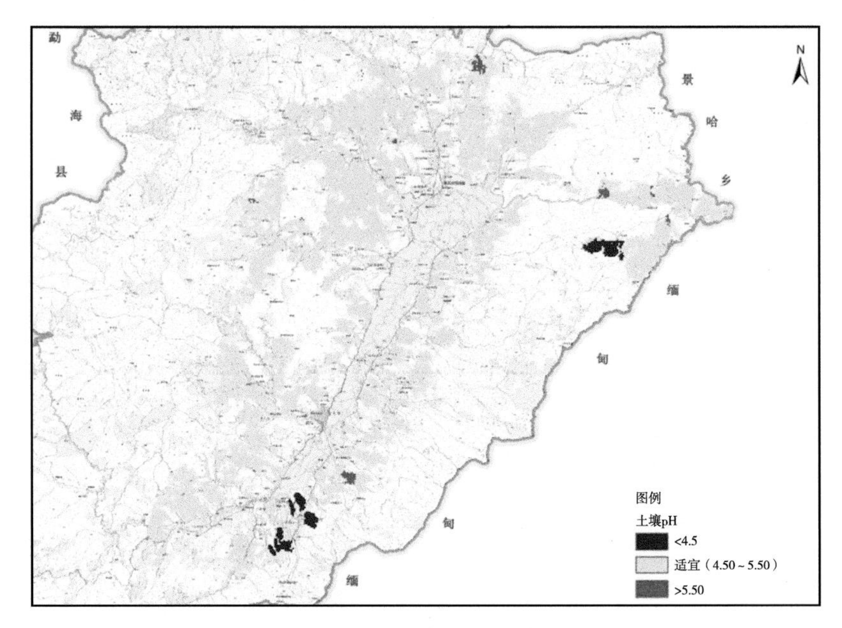

图3-17　土壤pH含量等级

第二节　橡胶树施肥决策模型

一、橡胶树施肥配方的研发

（一）橡胶树施肥量的确定

橡胶树是长期作物，其施肥的依据是以叶片养分含量为主，土壤养分为辅。将橡胶树叶片样品的测定结果与营养诊断指标比较，可判断各诊断区橡胶树的营养状况。

1. 某一元素肥料施用量

根据橡胶树常规施肥量、胶园土壤肥力特性和胶树营养状况，经营养诊断后需增施的肥料量及养分拮抗关系等计算得到橡胶树某一元素肥料施用量。计算公式如下：

$$Fs = Fa + C + R$$

式中，Fs为某一元素肥料施用量（kg/株·年）；Fa为常规施肥量；C为计算值[某一元素肥料的增施量（kg/株·年）]=$\frac{（临界指标-分析值）\times 单株年抽叶量 \times 2}{肥料该养分含量 \times 胶树对该肥料的吸收利用率}$，其中，云南单株橡胶树年抽叶量以8kg计，肥料吸收率氮肥、钾肥以50%，磷肥以25%，镁肥以20%计；R为养分不平衡时的调节量。

2. 施肥总量

根据橡胶树主要营养元素情况计算出各种肥料的总用量，即$F=Fs_1+Fs_2+Fs_3+ \cdots\cdots Fsn$。

3. 施肥配比

根据各元素肥料的用量及施肥总量求出各种元素配料的配比。

（二）橡胶树营养类型和施肥配方

在橡胶树的配方施肥中，用氮、磷、钾和镁几种营养元素来决定用何种配方。根据云南山地胶园养分状况，划分了橡胶树主要营养类型，并结合多年的田间试验，研发出9种施肥配方（表3-2），各配方的的施肥量见表3-3。

表3-2　橡胶树营养类型和施肥配方

营养类型	配方	营养类型	配方	营养类型	配方
正常型	1#	缺磷型	5#	缺氮镁型	2#
缺镁型	2#	缺磷镁型	6#	缺氮磷型	5#
缺钾型	3#	缺磷钾型	7#	缺氮钾型	9#
缺钾镁型	4#	缺氮型	8#	缺氮磷钾型	1#

表3-3　橡胶树施肥配方

配方	N%：P_2O_5%：K_2O%：MgO%	配方肥施肥量（kg/株）
1#配方	15：10：12：2	0.80（正常型）或 1.20（缺氮磷钾型）
2#配方	15：8：10：4	0.90
3#配方	11：7：18：2	1.00
4#配方	11：7：18：4	1.00
5#配方	15：12：8：3	1.20
6#配方	15：15：10：4	0.90
7#配方	13：13：13：3	0.90
8#配方	18：7：9：2	1.00
9#配方	16：6：15：3	1.10

二、橡胶树配方肥施用效果研究

在东风农场建立了正常、缺氮磷、缺钾、缺镁4个不同营养类型的橡胶树配方肥试验点，开展橡胶树配方肥施用效果研究。

与常规施肥处理相比（表3-4），正常型、缺氮磷型、缺钾型、缺镁型橡胶树施用配方肥3年，单位面积净增产干胶依次为204.83kg/hm^2、580.26kg/hm^2、355.50kg/hm^2、411.43kg/hm^2，增产效果差异显著；年平均单位面积净增产干胶依次为68.28kg/hm^2、193.42kg/hm^2、118.50kg/hm^2、137.14kg/hm^2。干胶净增产率依次为10.24%、26.06%、15.44%、23.65%，年平均干胶净增产率依次为3.41%、8.69%、5.15%、7.88%。

表3-4 橡胶树施用不同类型配方肥干胶增产效果

处理		正常		缺氮磷	
		配方肥	对照	配方肥	对照
试前干胶产量（kg/hm²）		2 213.22	2 178.00	2 173.81	1 780.57
试验一年	干胶产量（kg/hm²）	2 712.92	2 540.64	2 743.80	1 987.78
	净增产干胶（kg/hm²）	131.2		317.01	
	*P*值	0.28		0.00	
	净增产率（%）	5.08		13.06	
试验二年	干胶产量（kg/hm²）	2 387.84	2 168.01	2 657.61	1 792.8
	净增产干胶（kg/hm²）	184.77		468.87	
	*P*值	0.09		0.01	
	净增产率（%）	8.39		21.42	
试验三年	干胶产量（kg/hm²）	2 204.25	1 967.61	2 807.24	1 824.12
	净增产干胶（kg/hm²）	204.83		580.26	
	*P*值	0.04		0.02	
	净增产率（%）	10.24		26.06	
年平均净增产干胶（kg/hm²）		68.28		193.42	

处理		缺钾		缺镁	
		配方肥	对照	配方肥	对照
试前干胶产量（kg/hm²）		2 243.54	1 987.78	1 920.2	1 841.13
试验一年	干胶产量（kg/hm²）	2 734.28	2 246.25	2 241.03	1 913.76
	净增产干胶（kg/hm²）	199.29		245.08	
	*P*值	0.17		0.03	
	净增产率（%）	7.86		12.28	
试验二年	干胶产量（kg/hm²）	2 791.95	2 218.83	1 972.47	1 582.52
	净增产干胶（kg/hm²）	287.91		321.99	
	*P*值	0.93		0.04	
	净增产率（%）	11.50		19.51	
试验三年	干胶产量（kg/hm²）	2 657.72	2 039.99	2 150.96	1 667.9
	净增产干胶（kg/hm²）	355.50		411.43	
	*P*值	0.02		0.03	
	净增产率（%）	15.44		23.65	
年平均净增产干胶（kg/hm²）		118.50		137.14	

正常型、缺氮磷型、缺钾型、缺镁型橡胶树连续3年施用配方肥后（表3-5），单位面积产生经济效益依次为：2 382元/hm²、5 586元/hm²、3 441元/hm²、4 743元/hm²，单位面积年平均产生的经济效益为：缺氮磷（1 862元/hm²·年）>缺镁型（1 581元/hm²·年）>缺钾型（1 147元/hm²·年）>正常型（794元/hm²·年）。

与常规施肥相比，不同营养类型橡胶树连续3年施用配方肥后，正常型、缺钾型叶片钾、镁含量由亏缺变为正常，缺氮磷型、缺镁型叶片镁含量由亏缺变为正常，磷含量有所提高，叶片养分总体趋于平衡，橡胶树缺素症状得到缓解（表3-6）。土壤养分含量变化不大（表3-7），对橡胶树死皮率的影响差异不显著（表3-8）。

表3-5 橡胶树施用不同类型配方肥经济效益分析

橡胶树营养类型	净增产干胶（kg/hm²）	净增产值（元/hm²）	增加肥料投入（元/hm²）	3年经济效益（元/hm²）	年平均经济效益(元/hm²)
正常	205	2 460	78	2 382	794
缺氮磷	580	6 960	1 374	5 586	1 862
缺钾	356	4 272	831	3 441	1 147
缺镁	411	4 932	189	4 743	1 581

注：干胶每吨按12 000元计。

表3-6 施用不同类型配方肥对橡胶树叶片养分状况的影响 （单位：g/kg）

橡胶树营养类型	处理	氮	磷	钾	钙	镁
正常型	施配方肥	39.78↑	2.69↑	12.50→	9.52→	3.92→
	常规施肥	37.59↑	2.63↑	9.47↓	8.32→	3.11↓
缺氮磷型	施配方肥	33.86→	2.49→	15.71↑	7.69→	3.64→
	常规施肥	35.30→	2.33→	15.04↑	7.56→	3.31↓

（续表）

橡胶树营养类型	处理	氮	磷	钾	钙	镁
缺钾型	施配方肥	36.73↑	2.68↑	11.33→	7.75→	3.70→
	常规施肥	37.40↑	2.88↑	9.15↓	8.79→	3.29↓
缺镁型	施配方肥	38.01↑	2.68↑	13.18↑	8.24→	4.03→
	常规施肥	37.61↑	2.50→	15.02↑	7.40→	3.42↓
正常值		33 ~ 36	2.3 ~ 2.5	10 ~ 13	6 ~ 10	3.5 ~ 4.5

注：→表示正常或平衡；↑表示偏高或过剩；↓表示亏缺或偏低。

表3-7　施用不同类型配方肥对橡胶园土壤养分状况的影响

橡胶树营养类型	处理	全氮（g/kg）	有机质（g/kg）	速效P（mg/kg）	速效K（mg/kg）	pH
正常型	施配方肥	1.65	17.25	1.60	41.22	4.70
	常规施肥	1.65	19.17	1.66	38.72	4.63
缺氮磷型	施配方肥	1.95	21.42	1.58	94.00	5.15
	常规施肥	1.80	23.84	1.66	86.71	5.03
缺钾型	施配方肥	1.90	24.26	2.94	40.60	4.93
	常规施肥	1.60	25.14	2.56	32.01	4.86
缺镁型	施配方肥	1.96	22.37	2.26	71.54	5.43
	常规施肥	1.76	22.32	2.14	72.35	5.00

表3-8　施用不同类型配方肥对橡胶树死皮率的影响

橡胶树营养类型	橡胶树施肥处理	试前死皮率（%）	试后死皮率（%）	新增死皮率（%）	P值	新增死皮率变化（百分点）
正常	施专用肥	5.90	10.46	4.56	0.25	-1.50
	常规施肥	4.62	10.68	6.06		

（续表）

橡胶树营养类型	橡胶树施肥处理	试前死皮率（%）	试后死皮率（%）	新增死皮率（%）	P值	新增死皮率变化（百分点）
缺氮磷	施专用肥	8.44	13.63	5.19	0.45	−0.25
	常规施肥	15.01	20.45	5.44		
缺钾	施专用肥	7.16	10.32	3.16	0.31	−0.36
	常规施肥	15.07	18.59	3.52		
缺镁	施专用肥	10.59	13.27	2.68	0.35	−1.16
	常规施肥	10.52	14.36	3.84		

三、橡胶树施肥决策模型建立

（一）决策隶属函数

实测值橡胶树叶片营养元素丰富、缺乏采用下式隶属函数判断：

$$f(x)=\begin{cases}1 & x \geqslant x_0 \\ 0 & x < x_0\end{cases}$$

式中，$f(x)$ 为营养元素丰、缺隶属函数；x为实际测定的橡胶树叶片常量元素（N、P、K、Mg）；x_0为橡胶树叶片养分含量指标临界值。

判断每年实测的橡胶树叶片营养丰缺是建立施肥决策和确定配方的基础，在研究中，根据《橡胶树栽培技术规程实施细则》（云南省农垦总局，2003）橡胶树叶片营养水平划分标准，选择橡胶树叶片正常的养分含量的下限值作为指标临界值x_0（表3-9）。

表3-9　橡胶树叶片养分含量临界值x_0

元素	养分含量（g/kg）	元素	养分含量（g/kg）
N	33.0	K	10.0
P	2.3	Mg	3.5

（二）建立决策树

根据橡胶树叶片养分含量临界值x_0和营养类型和配方的信息，形成表3-10决策表，建立决策树，决策树的结构见图3-18。

表3-10　橡胶树配方决策

U	氮	磷	钾	镁	配方号
X_1	1	1	1	1	1
X_2	1	1	1	0	2
X_3	1	1	0	1	3
X_4	1	1	0	0	4
X_5	1	0	1	1	5
X_6	1	0	1	0	6
X_7	1	0	0	1	7
X_8	1	0	0	0	7
X_9	0	1	1	1	8
X_{10}	0	1	1	0	2
X_{11}	0	1	0	1	9
X_{12}	0	1	0	0	9
X_{13}	0	0	1	1	5
X_{14}	0	0	1	0	5
X_{15}	0	0	0	1	1
X_{16}	0	0	0	0	1

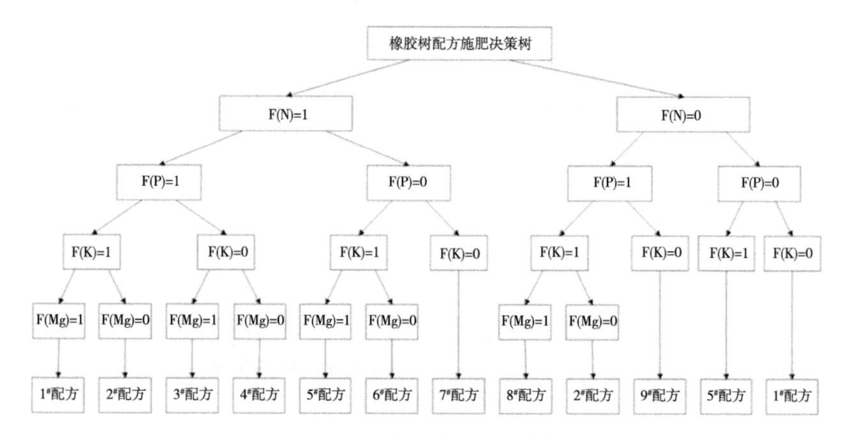

图3-18　橡胶树配方施肥决策树结构

（三）橡胶树配方施肥决策流程

在橡胶树配方施肥决策中，采用GIS技术与施肥模型相结合的方法，建立N、P、K和Mg营养元素空间分布，通过提取网格点上的营养元素数据，实现网格点配方指导（图3-19）。

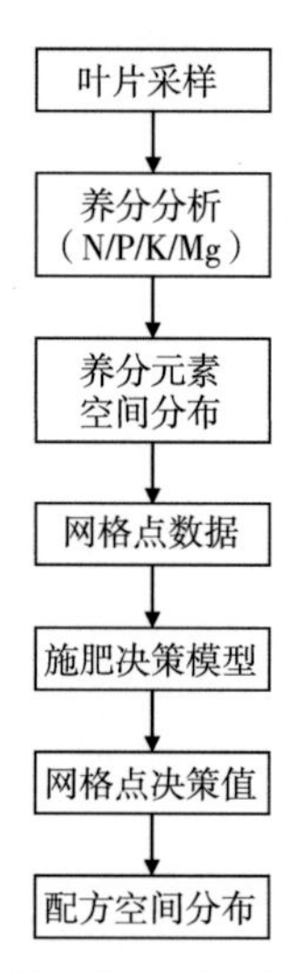

图3-19　橡胶树配方施肥决策流程

第三节　橡胶树施肥信息管理系统的开发与实现

将3S技术与橡胶树营养诊断施肥技术相结合，在分析用户需求的基础上设计一个橡胶树施肥信息管理系统的建设方案。采用Geoserver + Openlayers作为GIS功能的开发平台，通过SQL Server + ArcSDE实现对空间数据的组织和管理，开发了一套基于B/S架构的橡胶树施肥信息管理系统。

一、用户需求

软件开发项目的第一步就是做好项目的需求分析。本系统的用户主要是以种植橡胶树作为主要产业的植胶企业，系统建设目标为橡胶园养分管理与精准施肥，根据用户需求调研，系统应具备如下基本需求：

——橡胶园基础信息浏览与查询；

——橡胶园土壤养分状况的查询；

——橡胶树营养状况的查询；

——提供橡胶树精准施肥决策；

——提供橡胶树精准施肥技术方案；

——为了实现对橡胶树的精准管理，系统还应该能够对数据进行维护与更新，但需要用户取得相应权限才能使用。

因此，作为一个完整的GIS，橡胶树施肥信息管理系统应具备以下特征和功能：能够支持常用的矢量及栅格数据的发布；提供方便、灵活的地图操作；提供地图数据和属性数据的一体化管理，提供方便的检索功能，通过属性信息可以在地图上查询其位置，同时可由地图信息查询出相应的属性信息；提供橡胶树精准施肥决策功能模块；提供用户权限管理，具有特定权限的用户才能编辑相关图形。

二、系统总体架构

橡胶树施肥信息管理系统是一个基于B/S架构的应用系统。系统从上到下依次为表示层、应用层、服务层、数据层（图3-20）：

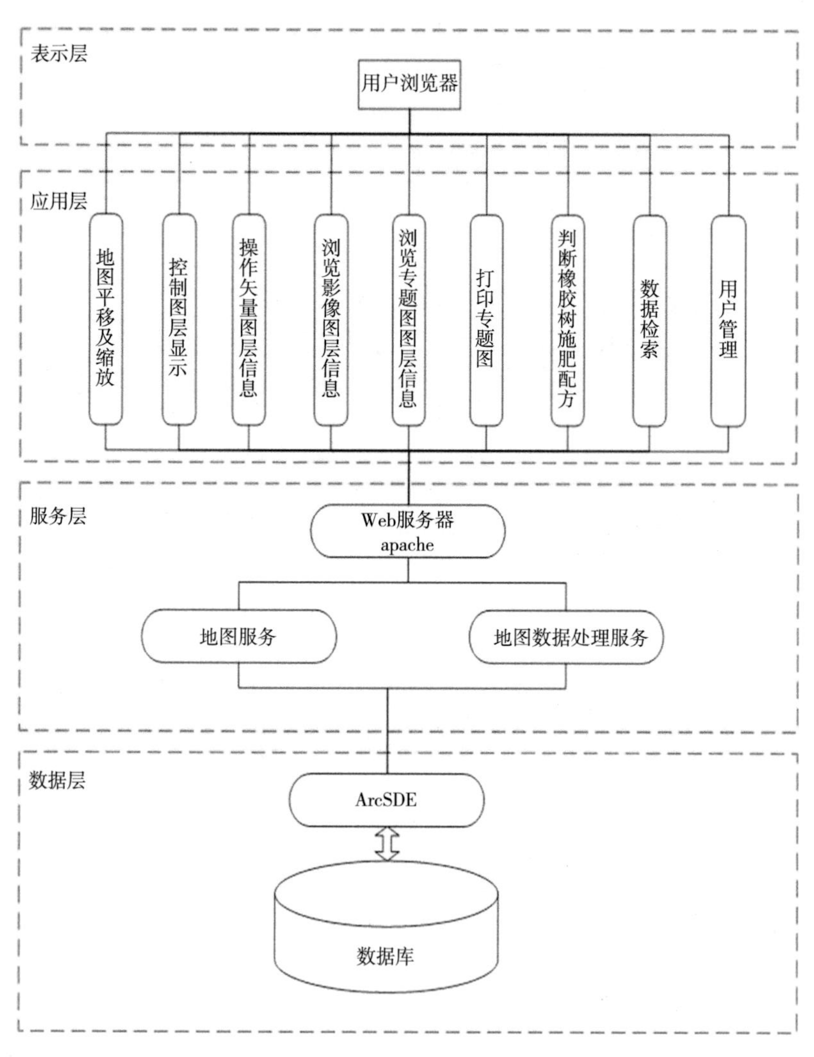

图3-20　橡胶树施肥信息管理系统总体架构

（一）数据层

对结构化和非结化的数据进行调度与存储。

（二）服务层

服务层是一个针对具体应用的专属层，它为应用层提供与数据源交互的最小操作方式，仅仅是业务层需要的数据访问接口，应用层完全依赖服务层所提供的服务。这些服务负责从应用层接收数据或返回应用实体，它屏蔽了实际应用数据与机器存储方式的差别。

（三）应用层

应用层是整个系统的功能集合，按功能的不同分为：地图的基本操作、矢量图层信息（新增、查询、修改、删除）操作、浏览影像与专题图信息，打印专题图、判断橡胶树施肥配方、数据检索、用户管理等。

（四）表示层

表示层整体以WebGIS方式展现，同时为应用层中的功能提供相应的信息表现。

三、系统数据库设计

橡胶树施肥信息管理系统不同于一般的信息管理系统，它需要同时处理空间数据和属性数据。空间数据库被设计用来同时存储空间数据和属性数据。空间数据库一直是地理信息科学的核心内容，也得到了迅速的发展。目前，空间数据库主要包括3种管理模式：传统的GIS数据管理模式，将空间数据和属性数据分开管理；关系型的数据库管理模式，通过空间数据库引擎将空间数据和属性数据集成在通用的DBMS中，使得空间数据得到有效的管理；面向对象的空间数据模型，它是一种抽象的数据模型，具有可扩性，可以模拟和操纵复杂对象。目前的数据库还是以关系数据库为主，利用空间数据库引擎对关系型数据库进行扩展是最普遍的空间数据库解决方案。本系统采用关系型的数据库管理模式，利用ESRI的ArcSDE空间数据库引擎实现关系数据库管理系统管理空间数据库。系统通过SQL Server＋ArcSDE实现对空间信息和属性信息的组织和管理。

（一）空间数据模型

空间数据模型的建立就是寻求一种描述地理实体的有效的数据表示方法，根据应用要求建立实体的数据结构和实体之间的关系以便于应用。系统以Geodatabase为基础来设计和构建橡胶树施肥的空间数据模型，Geodatabase是ArcGIS数据模型发展的第三代产物，它是面向对象的空间数据模型，能够表示要素的自然行为和要素之间的关系。空间数据库中包括矢量数据和栅格数据，遥感和航拍影像信息以栅格数据形式存储，矢量数据的存储方式是空间数据模型设计的主要部分。空间数据库的设计包括物理设计和逻辑设计两个部分，逻辑设计和物理设计有着一一对应的关系。一个空间数据库物理上就是一个Geodatabase，图层就是某一类空间实体的总和，一个图层被设计成一个要素类，要素类按照所属的要素数据集和所包含的要素的类型来命名。本系统空间数据模型中包含了农场、生产队、诊断区、水系、道路、采样定位点、居民点等空间信息，分别对应7个相应的图层。设计思路如图3-21所示。

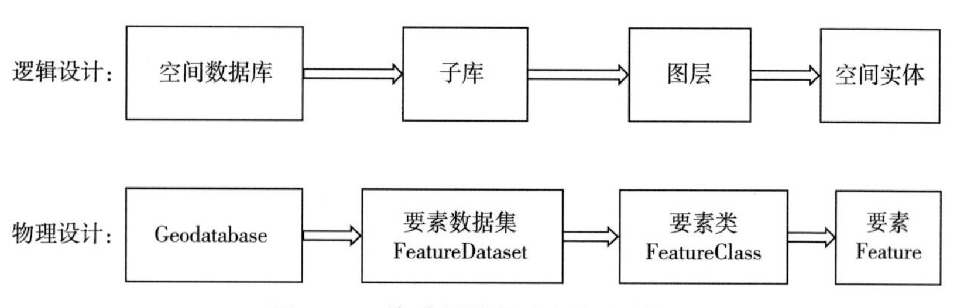

图3-21　橡胶树施肥空间数据模型

（二）属性数据模型

任何一个空间要素都要对应一条基本属性记录，基本属性数据与空间实体一一对应，由于空间实体的唯一性，其基本属性数据也是唯一的。根据橡胶树施肥信息管理系统开发和实际应用的需要，确定本系统属性数据模型主要包括橡胶园基本属性、胶园土壤营养属性、橡胶树营养属性及橡胶园生产管理属性、立地属性及气候属性等（表3-11）。系统基本属性数据均独立于空间数据之外，需要给空间实体设置唯一的内部标识码，以建立各种属性信息与空间要素的联系。

表3-11　属性数据模型要素设计

编号	基本属性	土壤营养	橡胶树营养
1	土地面积	土层厚度	品种
2	植被覆盖度	土壤类型	树围（cm）
3	前作	土壤质地	叶片氮（g/kg）
4	定植时间	全氮（g/kg）	叶片磷（g/kg）
5	定植株数	有机质（g/kg）	叶片钾（g/kg）
6	株行距（m×m）	有效磷（mg/kg）	叶片钙（g/kg）
7	树位编号	速效钾（mg/kg）	叶片镁（g/kg）
8	割胶工	pH	年产胶乳（kg）
9	现有株数		年均干含（%）
10	割株		年产干胶（kg）
…			

编号	生产管理	胶园立地	胶园气候
1	施肥种类	农场	年均温度（℃）
2	施肥量（kg/株）	生产队	最高温度（℃）
3	养分比例	诊断区	极地温度（℃）

（续表）

编号	生产管理	胶园立地	胶园气候
4	施肥方式	经度	相对湿度（%）
5	割胶制度	纬度	降水量（mm）
6	割胶刀数（刀）	海拔（m）	风向
7	寒害（等级）		风速（m/s）
8	死皮停割率（%）		
9			
10			
…			

四、系统软硬件环境

在企业内部建立局域网，由一台服务器或多台服务器与多台PC机组成。

（一）服务器环境需求

1. 硬件

CUP：四核；内存：4GB；硬盘：500GB。

2. 软件

操作系统：Windows Server 2003以上版本；Web服务器：tomcat 7.0及以上版本；apache 2.2以上版本；数据库：SQL Server 2005及以上版本；空间数据库引擎：ESRI ArcSDE 10.0及以上版本；地图服务器：geoserver 2.2.2及以上版本。

（二）客户机环境需求

1. 硬件

CUP：2.10GHz；内存：2GB；硬盘：40GB。

2. 软件

操作系统：Windows XP以上版本；网页浏览器。

（三）网络环境需求

100M以上局域网网络传输速度。

五、橡胶树施肥信息管理系统的实现

（一）服务器端实现

服务器端的实现主要包括系统软件环境安装、Web服务器配置、地图服务器配置、建立数据库以及使用GeoServer创建地图服务。

（二）客户端实现

OpenLayers是一个用于开发WebGIS客户端的开源的JavaScript包，本系统客户端的实现采用了OpenLayers。客户端页面主要包括登陆页面（login.htm）、主页面（default.htm）、打印专题图页面（print.htm）以及用户管理页面（userManage.htm）。用户通过登录页面成功登录到系统后，进入客户端主页面（图3-22，图3-23）。

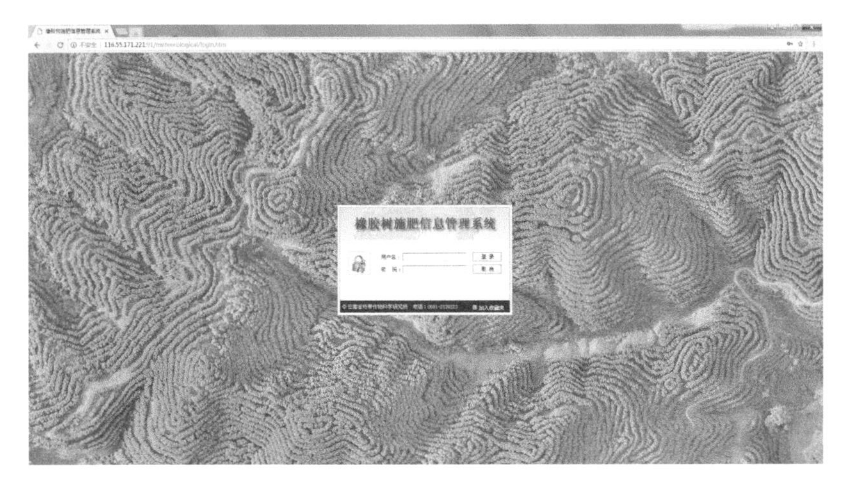

图3-22　系统登录页面

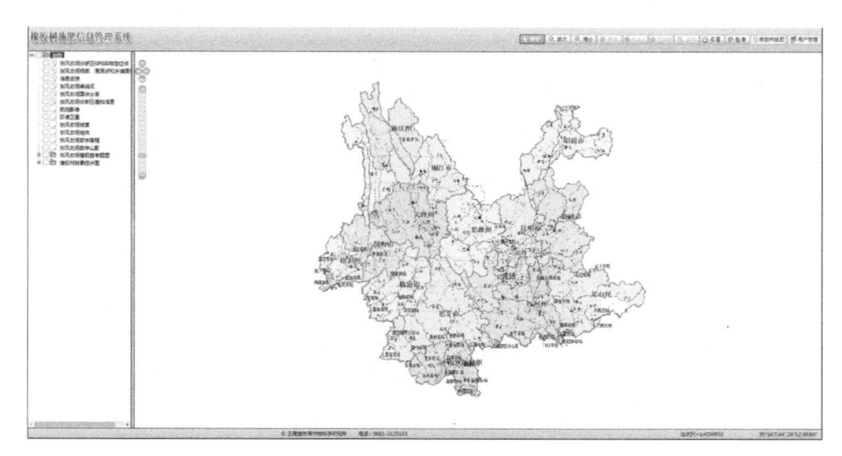

图3–23　系统主页面

橡胶树施肥信息管理系统主要包括以下几个模块：图层信息浏览显示、地图漫游及缩放、数据查询与检索、数据维护与更新、橡胶树施肥、打印专题图和用户管理。

1. 图层信息浏览显示

系统实现了以树形菜单的形式展示图层目录，树形菜单实现的功能主要有：①通过可选框控制图层显示；②通过单击图层目录的图层名称激活该图层，激活的图层为当前操作的图层，通过判断当前操作图层的类型（点、线、面、栅格）控制地图操作工具的可用性。图层目录主要包括以下图层信息：诊断区GPS采样定位点、场部及居民点、诊断区基础信息、航拍影像、坡度、坡向、数字高程、橡胶园专题图、橡胶树缺素图等（图3-24至图3-27）。

2. 地图漫游及缩放

系统实现了漫游、放大、缩小等基本地图操作。支持地图漫游、中心放大（缩小）、导航放大（缩小）、拉框放大（缩小）、鼠标滑轮放大（缩小）等基本功能。

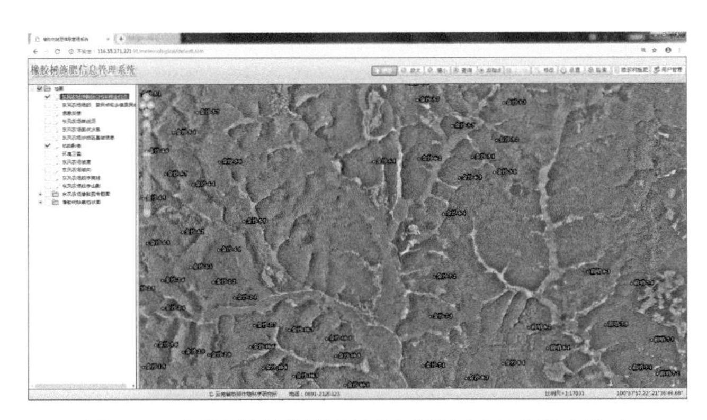

图3-24　图层信息浏览显示诊断区GPS采样定位点

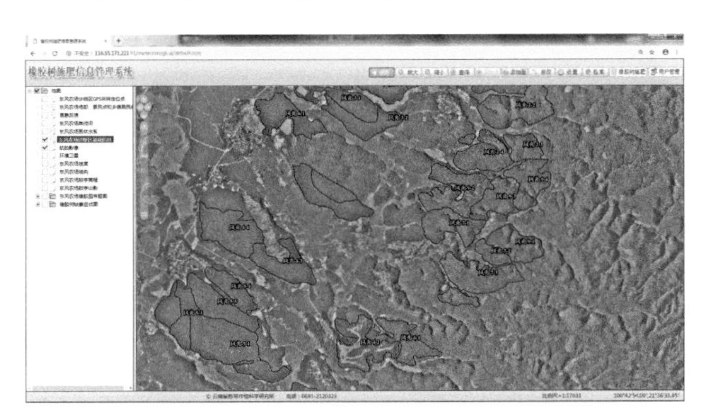

图3-25　图层信息浏览显示诊断区基础信息

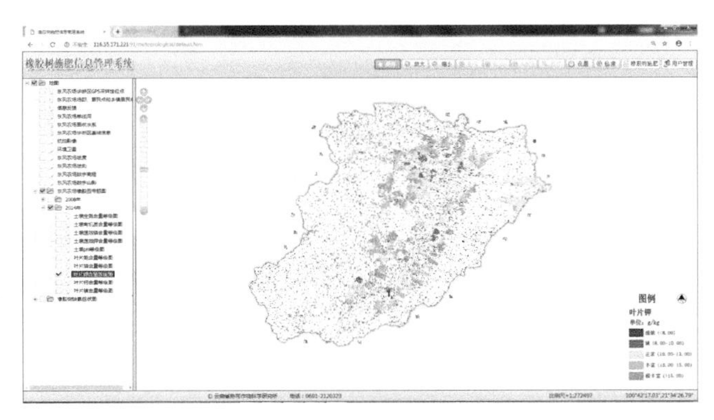

图3-26　图层信息浏览显示橡胶园专题

图3-27　图层信息浏览显示缺素症状

3. 数据查询与检索

系统提供查询和检索两个工具。查询工具针对选中的图层以Identify的方式进行查询，支持点选和框选查询（图3-28至图3-31）。检索工具提供SQL方式的条件查询，可以通过下拉列表选择相应的条件进行检索（图3-32，图3-33）。

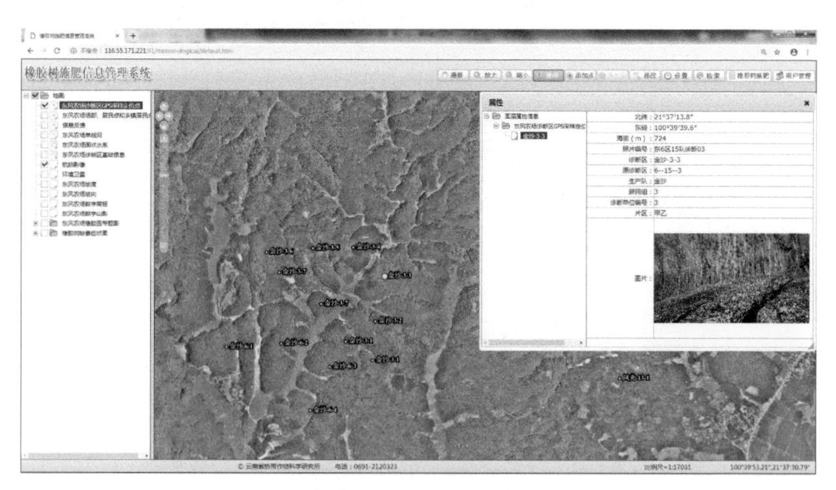

图3-28　采样点属性查询

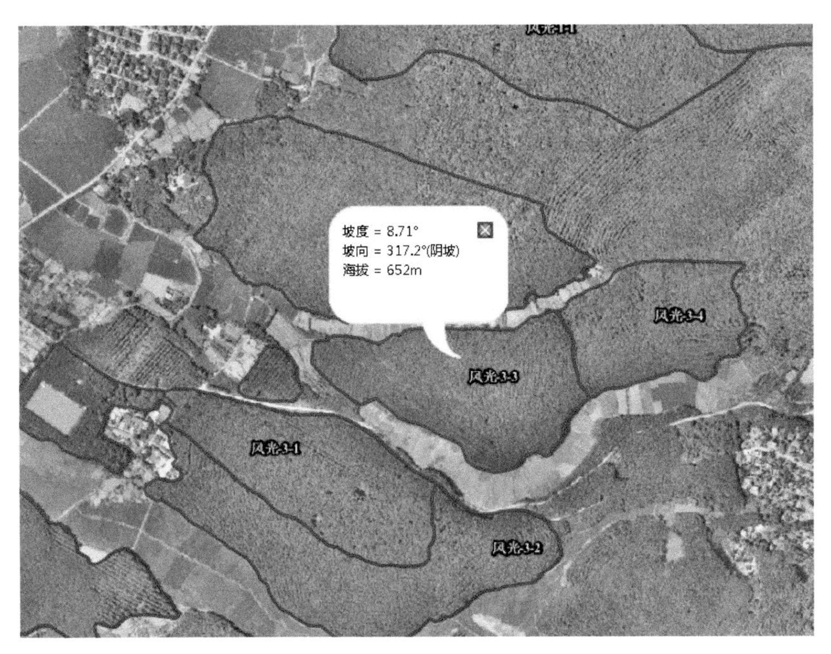

图3–29　坡度、坡向和海拔查询

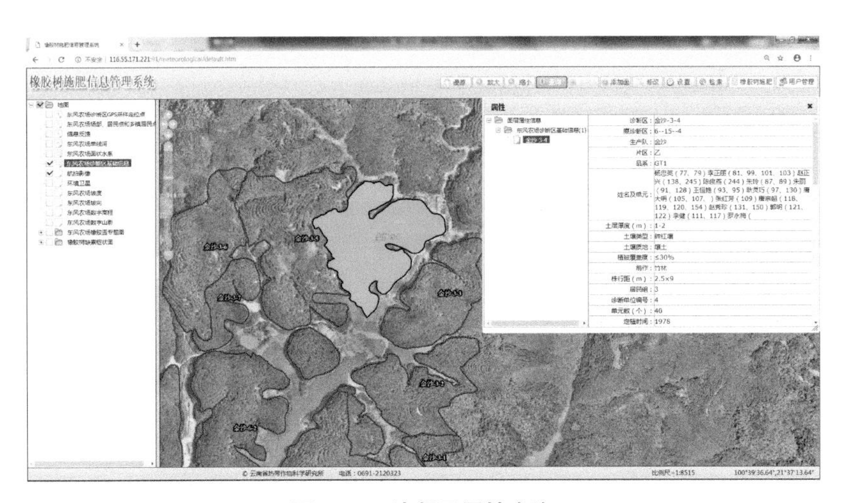

图3–30　诊断区属性查询

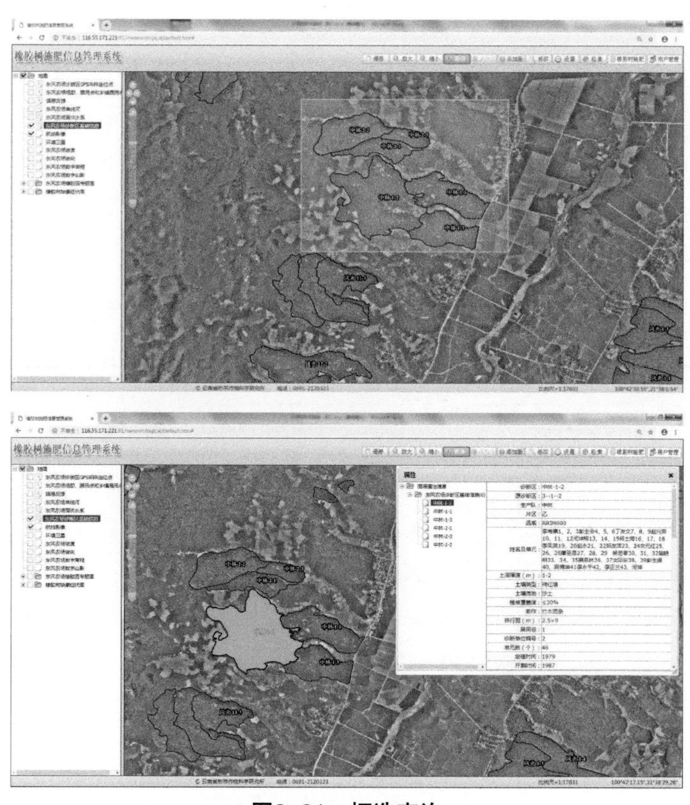

图3-31　框选查询

图层属性信息查询

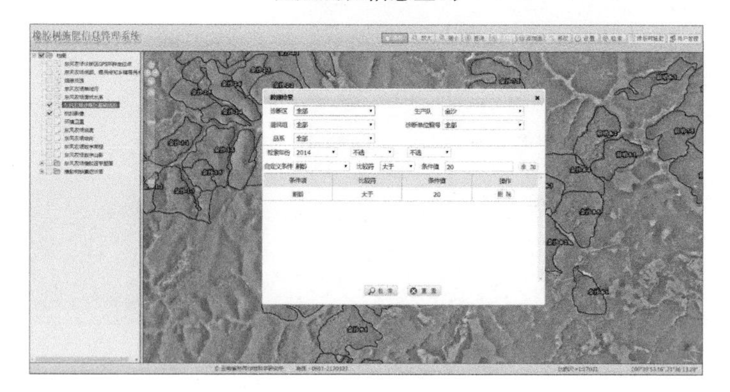

图3-32　设置检索条件

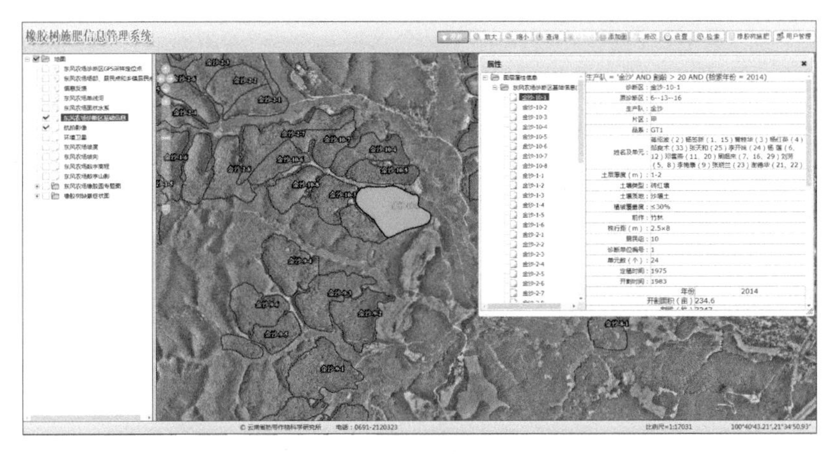

图3-33　检索结果

4. 数据维护与更新

对矢量图层提供新增、查询、修改、删除信息操作，用户按所分配到的权限管理矢量图层信息；图3-34为对诊断区属性信息进行修改的界面。

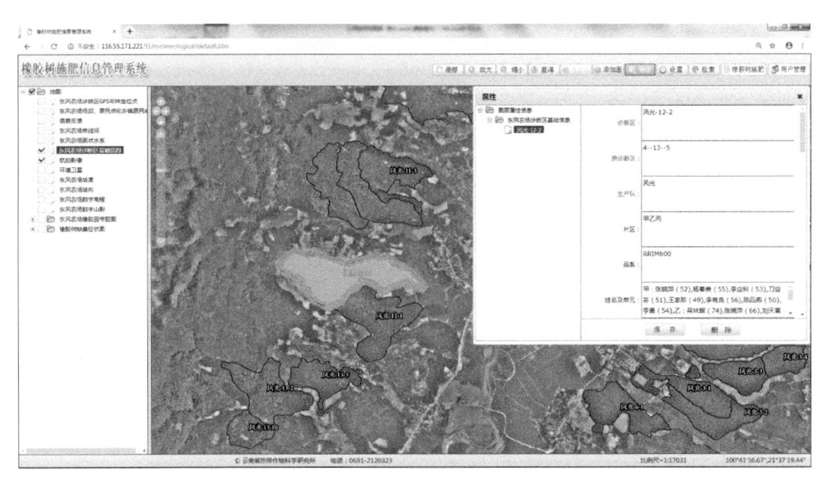

图3-34　图层要素属性修改

5. 橡胶树施肥

橡胶树施肥是系统最核心的模块。基于本研究建立的配方施肥决策模型，系统开发了4种方式判断橡胶树施肥配方（图3-35）：手动判断施肥配方（图3-36）；按生产队判断施肥配方（图3-37）；选择区域判断施肥配方（图3-38）；点击查询施肥配方（图3-39）。

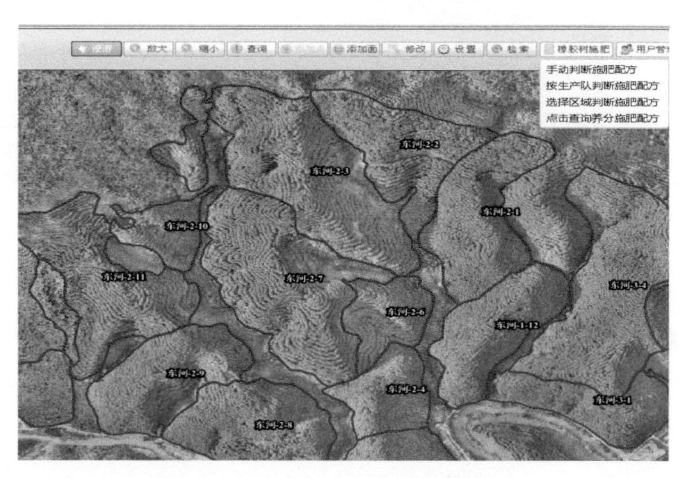

图3-35　4种方式判断橡胶树施肥配方

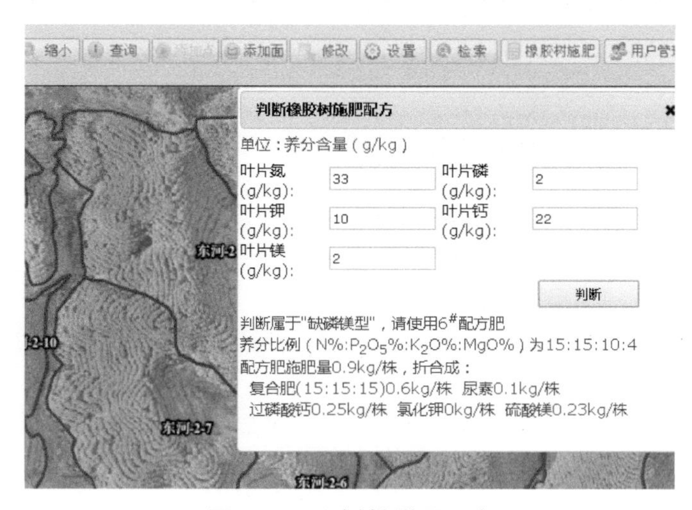

图3-36　手动判断施肥配方

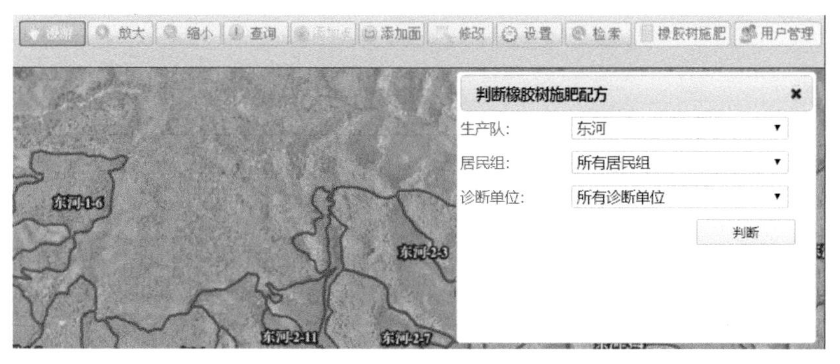

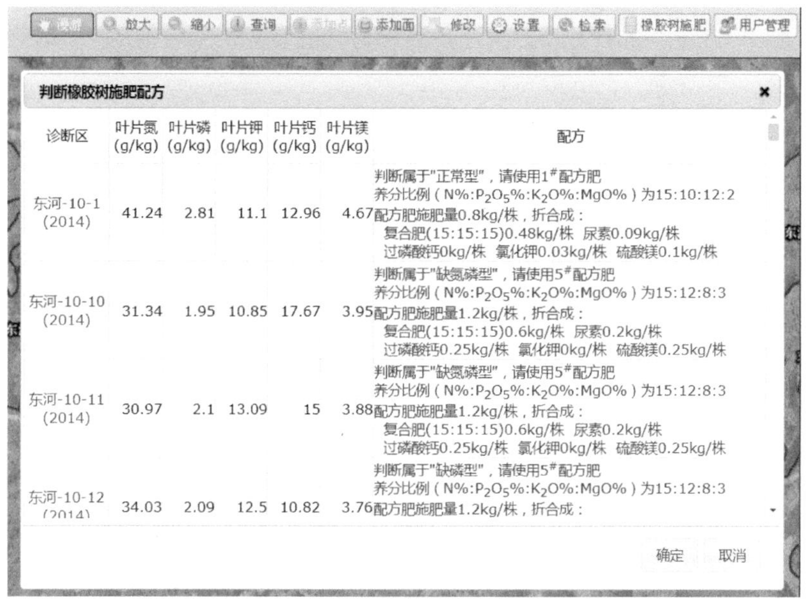

诊断区	叶片氮(g/kg)	叶片磷(g/kg)	叶片钾(g/kg)	叶片钙(g/kg)	叶片镁(g/kg)	配方
东河-10-1(2014)	41.24	2.81	11.1	12.96	4.67	判断属于"正常型"，请使用1#配方肥 养分比例（N%:P_2O_5%:K_2O%:MgO%）为15:10:12:2 配方肥施肥量0.8kg/株，折合成： 复合肥(15:15:15)0.48kg/株 尿素0.09kg/株 过磷酸钙0kg/株 氯化钾0.03kg/株 硫酸镁0.1kg/株
东河-10-10(2014)	31.34	1.95	10.85	17.67	3.95	判断属于"缺氮磷型"，请使用5#配方肥 养分比例（N%:P_2O_5%:K_2O%:MgO%）为15:12:8:3 配方肥施肥量1.2kg/株，折合成： 复合肥(15:15:15)0.6kg/株 尿素0.2kg/株 过磷酸钙0.25kg/株 氯化钾0kg/株 硫酸镁0.25kg/株
东河-10-11(2014)	30.97	2.1	13.09	15	3.88	判断属于"缺氮磷型"，请使用5#配方肥 养分比例（N%:P_2O_5%:K_2O%:MgO%）为15:12:8:3 配方肥施肥量1.2kg/株，折合成： 复合肥(15:15:15)0.6kg/株 尿素0.2kg/株 过磷酸钙0.25kg/株 氯化钾0kg/株 硫酸镁0.25kg/株
东河-10-12(2014)	34.03	2.09	12.5	10.82	3.76	判断属于"缺磷型"，请使用5#配方肥 养分比例（N%:P_2O_5%:K_2O%:MgO%）为15:12:8:3 配方肥施肥量1.2kg/株，折合成：

图3–37　按生产队判断施肥配方

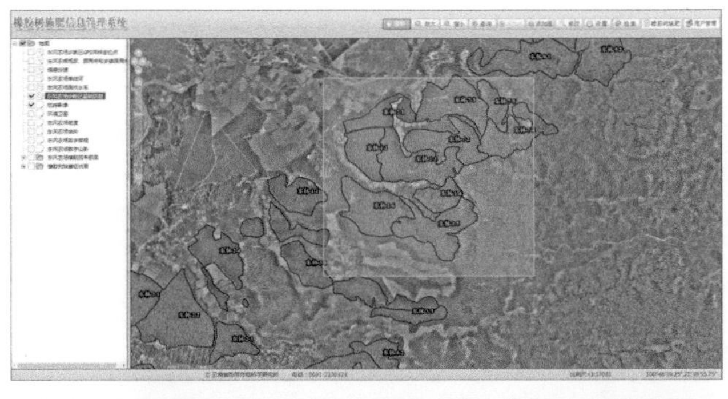

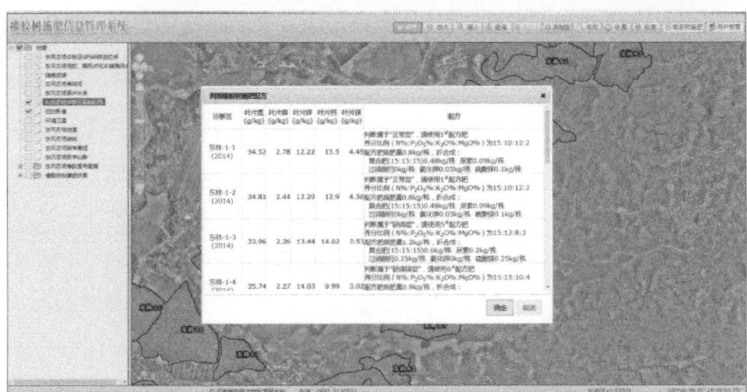

图3–38　选择区域判断施肥配方

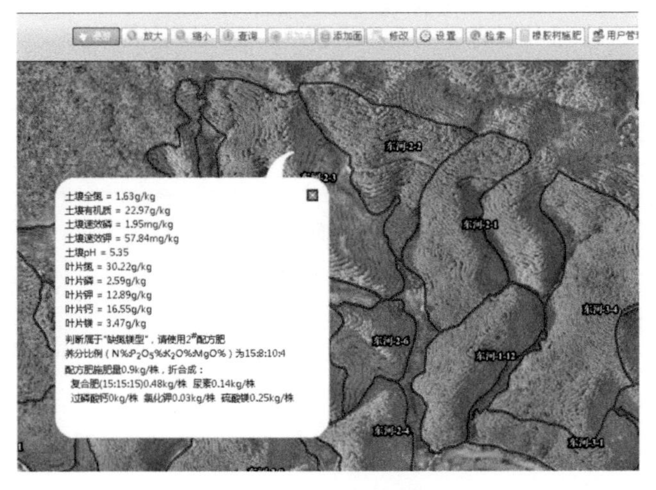

图3–39　点击查询施肥配方

6. 打印专题图

系统提供快速打印输出橡胶园专题图（图3-40）。主要包括：土壤全氮含量等级图、土壤有机质含量等级图、土壤有效磷含量等级图、土壤速效钾含量等级图、土壤pH值等级图、叶片氮含量等级图、叶片磷含量等级图、叶片钾含量等级图、叶片钙含量等级图、叶片镁含量等级图。

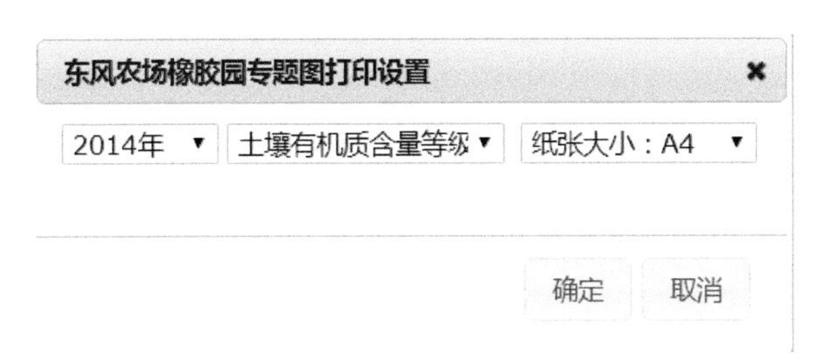

打印设置

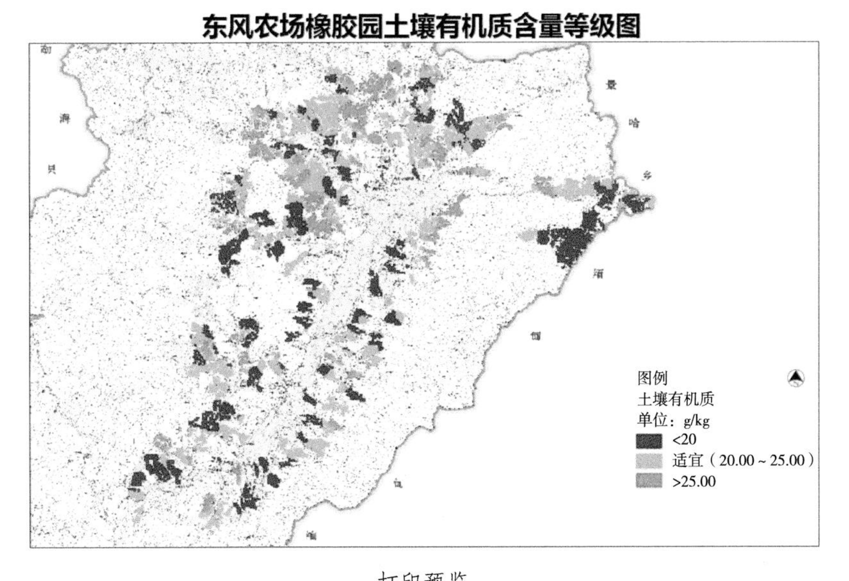

打印预览

图3-40　打印专题

7. 用户管理

用户管理模块只有系统管理员才有权限使用，包括添加用户、修改用户信息和删除用户（图3-41）。

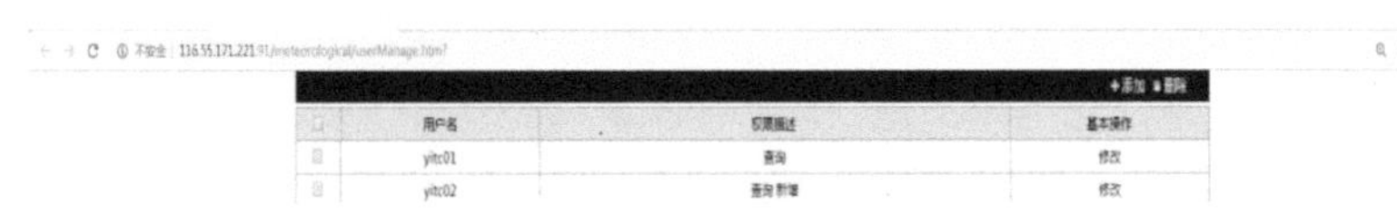

图3-41　用户管理界面

（三）系统特点

橡胶树施肥信息管理系统包括橡胶树精准施肥数据库管理系统、施肥决策支持系统和网络发布系统，系统集成了网络技术、数据库技术、3S技术与橡胶树营养诊断施肥技术，实现了橡胶树施肥的精准化、智能化和网络化。通过系统的开发与应用，验证了基于JavaScript技术和开源WebGIS软件实现橡胶树施肥信息管理系统的可行性。系统除具备胶园基础信息查询、橡胶树营养和胶园土壤养分空间查询分析等基础功能外，还提供了四种判断橡胶树施肥配方的方法，以满足不同的用户需求。系统具有以下几个特点：

（1）系统所采用的技术都是基于标准化并且被广泛支持的，系统运行时，客户端用户只需浏览器即可，无须安装任何其他软件；

（2）JavaScript技术的应用大大减轻了服务器计算负担和网络传输负担，而且Ajax技术的应用让客户端与服务器的交互变得更加高效，加快了响应速度，给用户提供了良好的用户体验；

（3）由于系统采用开源WebGIS软件，避免了去购买昂贵的WebGIS产品，降低了开发成本；

（4）系统使用标准协议，具有良好的封装性、分布性、可集成能力。

第四章 橡胶园信息管理系统的建设与应用

橡胶种植是云南农垦事业之本，做好胶园的日常生产管理工作一直是垦区的重要任务。目前，各农场和植胶企业的橡胶生产管理多以人工和纸质资料为主，生产和资源的利用效率较低，需要用一种新的手段来辅助管理和生产。随着计算机技术的飞速发展，以信息技术为代表的新一代决策管理信息系统在农业生产管理中的应用越来越普遍。

以江城橡胶公司为例，针对橡胶生产日常管理的业务需求，以树位为最小空间管理单元，以促进天然橡胶生产管理从传统的手工工作方式向现代化的工作方式转变为主要目标，应用网络通信技术、工作流技术、数据库技术、GIS技术建立了橡胶园信息管理系统，实现了橡胶生产管理业务的流程化、信息化、网络化和规范化管理，解决了胶园管理水平低的问题。

第一节 橡胶园空间数据和属性数据的采集与整理

一、橡胶园空间数据的采集

（一）诊断区采样点GIS数据集的建立

在考虑土壤类型、地形、管理单元、品系和割龄的基础上，每1 000亩左右橡胶园划为一个诊断区，经过实地调研，考虑可操作性，将江城橡胶公司32个生产队划分为90个诊断区。

2013年7—9月携带便携式GPS-60csx对江城橡胶公司橡胶园90

个诊断区进行定位采样，定位采样时选择诊断区的相对中心点，每个诊断区采集1个叶片样品和1个土壤样品，在纸质记录表上记录经度、纬度、海拔、生产队、诊断区编号等基本信息。定位采样工作完成后，对采集信息进行电子化录入，生成江城橡胶公司橡胶园诊断单元GPS定位点信息表。

根据采样时记录的诊断区相对中心点经纬度信息，利用ARCGIS的添加X，Y数据功能，通过指定X坐标（经度）和Y坐标（纬度）所对应的字段，并定义坐标系统为WGS84，生成诊断区GPS采样点GIS数据集。该数据集包括生产队、诊断区ID、经度、纬度、海拔、片区、树位个数、树位编号及胶工姓名等属性信息（图4-1），这些属性信息用于辅助诊断区边界的数字化。

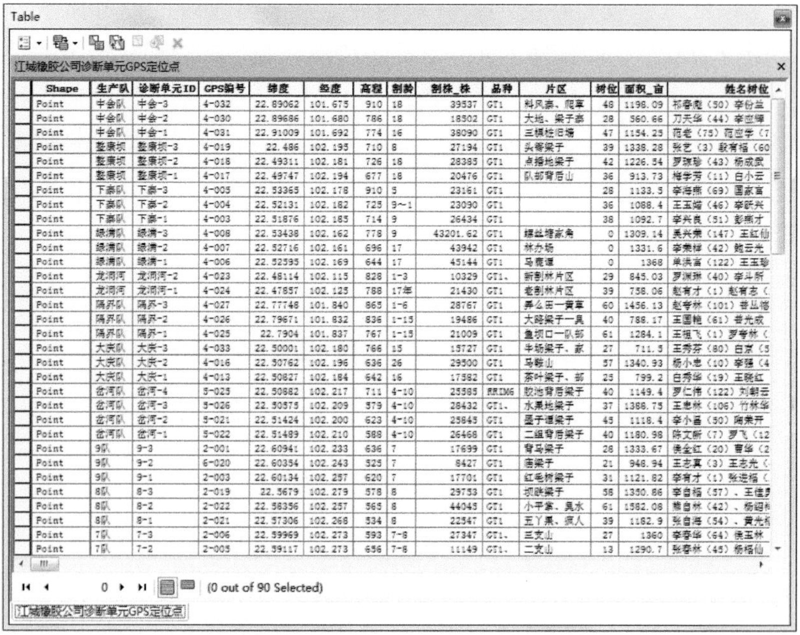

Table

江城橡胶公司诊断单元GPS定位点

Shape	生产队	诊断单元ID	GPS编号	纬度	经度	高程	割龄	割株_株	品种	片区	树位	面积_亩	姓名树位
Point	中会队	中会-3	4-032	22.89062	101.675	910	18	39537	GT1	料风寨、爬草	48	1198.09	祁春彪（50）李份兰
Point	中会队	中会-2	4-030	22.89686	101.680	786	18	18502	GT1	大地、梁子寨	28	560.66	刀天华（44）李应辉
Point	中会队	中会-1	4-031	22.91009	101.692	774	16	38090	GT1	三棵桩旧场	47	1154.25	范老（75）范应学（7
Point	整康坝	整康坝-3	4-019	22.486	102.195	710	8	27194	GT1	头塘梁子	39	1338.28	张艺（3）殷有福（60
Point	整康坝	整康坝-2	4-018	22.49311	102.181	726	18	28385	GT1	点播地梁子	42	1226.54	罗琼珍（43）杨成武
Point	整康坝	整康坝-1	4-017	22.49747	102.194	677	18	20476	GT1	队部背后山	36	913.73	梅学芳（11）白小云
Point	下寨队	下寨-3	4-005	22.53365	102.178	910	5	23161	GT1		28	1133.5	李海燕（69）国家富
Point	下寨队	下寨-2	4-004	22.52131	102.182	725	9~1	23090	GT1		36	1088.4	王玉媚（46）李跃兴
Point	下寨队	下寨-1	4-003	22.51876	102.185	714	9	26434	GT1		38	1092.7	李兴良（51）彭熊才
Point	绿满队	绿满-3	4-008	22.53438	102.162	778	9	43201.62	GT1	螺丝塘家角	0	1309.14	吴兴秉（147）王红仙
Point	绿满队	绿满-2	4-007	22.52716	102.161	696	17	43942	GT1	林办场	0	1331.6	李秉祥（42）勉云光
Point	绿满队	绿满-1	4-006	22.52595	102.169	644	17	45144	GT1	马鹿選	0	1368	单洪富（122）王玉珍
Point	龙洞河	龙洞河-2	4-023	22.48114	102.115	828	1-3	10329	GT1、	新割林片区	29	845.03	罗淑琳（40）李斗所
Point	龙洞河	龙洞河-1	4-024	22.47857	102.125	788	17年	21430	GT1	老割林片区	39	758.06	赵有才（1）赵有志（
Point	隔界队	隔界-3	4-027	22.77748	101.840	865	1-6	28767	GT1	弄么田一黄草	60	1456.13	赵寺林（101）普丛锴
Point	隔界队	隔界-2	4-026	22.79671	101.832	836	1-15	19486	GT1	大路梁子一具	40	788.17	王国艳（61）普光成
Point	隔界队	隔界-1	4-025	22.7904	101.837	767	1-15	21009	GT1	鱼坝口一队部	61	1284.1	王祖飞（1）罗寺林（
Point	大庆队	大庆-3	4-033	22.50001	102.180	766	15	15727	GT1	牛场梁子、家	27	711.5	王秀芬（80）白京（5
Point	大庆队	大庆-2	4-016	22.50762	102.196	636	26	29500	GT1	马鞍山	57	1340.93	杨小忠（10）李强（4
Point	大庆队	大庆-1	4-013	22.50827	102.184	642	16	17582	GT1	茶叶梁子、部	25	799.2	白秀华（19）王晓红
Point	岔河队	岔河-4	5-025	22.50882	102.217	711	4-10	25585	RRIM6	胶池背后梁子	40	1149.4	罗仁伟（122）刘朝云
Point	岔河队	岔河-3	5-026	22.50575	102.209	579	4-10	28432	GT1、	水果地梁子	37	1388.75	王忠林（106）竹林华
Point	岔河队	岔河-2	5-021	22.51424	102.200	623	4-10	25845	GT1	墨子箐梁子	45	1118.4	李小昌（50）陶秉开
Point	岔河队	岔河-1	5-022	22.51489	102.210	588	4-10	26468	GT1	二组背后梁子	40	1180.98	陈文新（7）罗飞（12
Point	9队	9-3	2-001	22.60941	102.233	636	7	17699	GT1	背马梁子	28	1333.67	侯金红（20）曹华（2
Point	9队	9-2	6-020	22.60354	102.243	525	7	8427	GT1	唐梁子	21	948.94	王志真（3）王志光（
Point	9队	9-1	2-003	22.60134	102.257	620	7	17701	GT1	红毛树梁子	31	1121.82	李有才（1）张进福（
Point	8队	8-3	2-019	22.5679	102.279	578	8	29753	GT1	坝跌梁子	56	1350.86	李自福（57）、王佳
Point	8队	8-2	2-022	22.58356	102.257	565	8	44045	GT1	小平掌、臭水	61	1582.08	熊自林（42）、杨绍
Point	8队	8-1	2-021	22.57306	102.268	534	8	22547	GT1	五丫果、疯人	39	1162.9	张自海（54）、黄光
Point	7队	7-3	2-006	22.59969	102.273	593	7-8	27347	GT1、	三支山	27	1360	李季华（64）侯玉林
Point	7队	7-2	2-005	22.59117	102.273	656	7-8	11149	GT1、	二支山	13	1290.7	张春林（45）杨福仙

0 (0 out of 90 Selected)

江城橡胶公司诊断单元GPS定位点

图4-1　江城橡胶公司橡胶园诊断区GPS定位点空间属性表

（二）诊断区边界信息采集

利用高分辨率航拍影像来划定江城橡胶公司橡胶园诊断区边界。

1. 航拍影像获取

依据2010年江城橡胶公司1：2.5万橡胶分布图确定航拍影像范围。Google earth地球影像图覆盖全区，作为航空摄影航线规划、影像图制作的参考用图。云南省基础测绘技术中心于2013年12月2—4日利用测绘鹰无人机飞行平台共分6个架次对研究区进行航拍，无人机搭载镜头焦距为28mm的5D mark II数码相机。实地获取原始航片之后，回到室内制作影像图。经航拍影像室内处理后，得到坐标系为WGS-84的0.23m分辨率的江城橡胶公司橡胶园航拍影像（图4-2）。

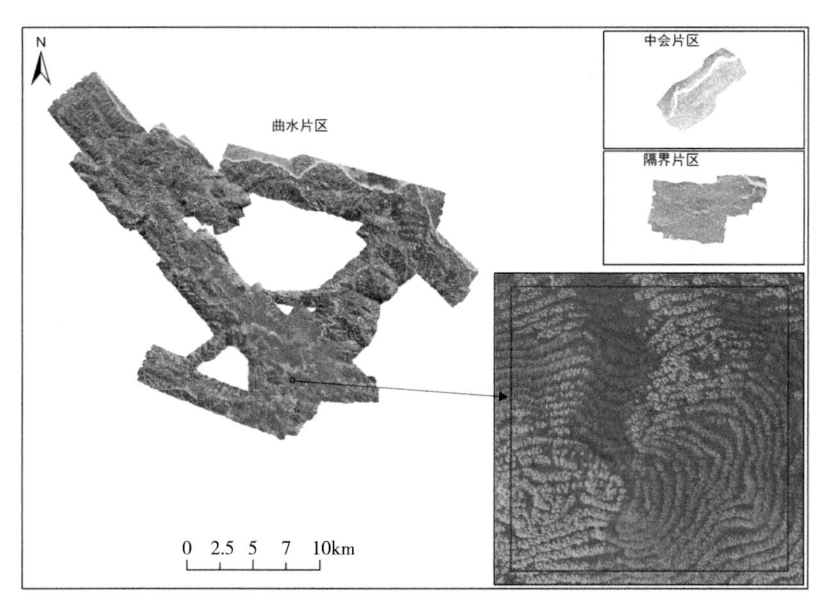

图4-2　江城橡胶公司橡胶园航拍影像

2. 诊断区边界数字化

利用ArcGIS 10.0软件平台，叠加航拍影像和诊断区GPS采样定位点矢量数据，在当地生产技术人员的支持下，利用航拍影像的河谷、道路、农田边界、房屋、林相差异等辅助信息，逐个生产队，逐个诊断区进行诊断区边界数字化，并在属性表中添加生产队、诊断区ID、经度、纬度、海拔、片区、树位个数、树位编号及胶工姓名等属性，最终的诊断区边界如图4-3所示。

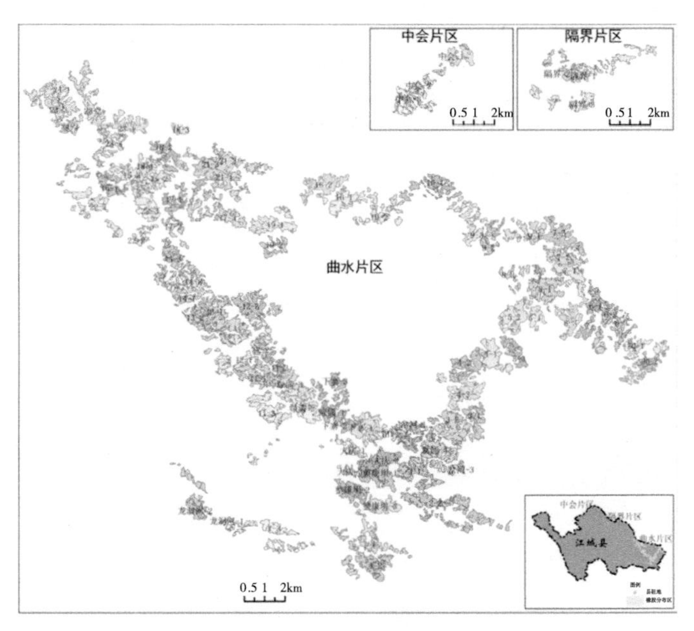

图4-3　江城橡胶公司诊断区边界矢量

（三）橡胶园树位边界信息的采集

将江城橡胶公司32个生产队划分为90个诊断区，而这90个诊断区又由2 766个树位组成。在橡胶园信息管理系统中，管理的最小空间单元为树位。给每一个诊断区编制一张影像地图并打印输出，分别交由所在生产队的技术员在图上勾画出树位边界，树位边界勾画完成后再经过扫描、几何校正和矢量化得到树位边界矢量图（图4-4，图4-5）。

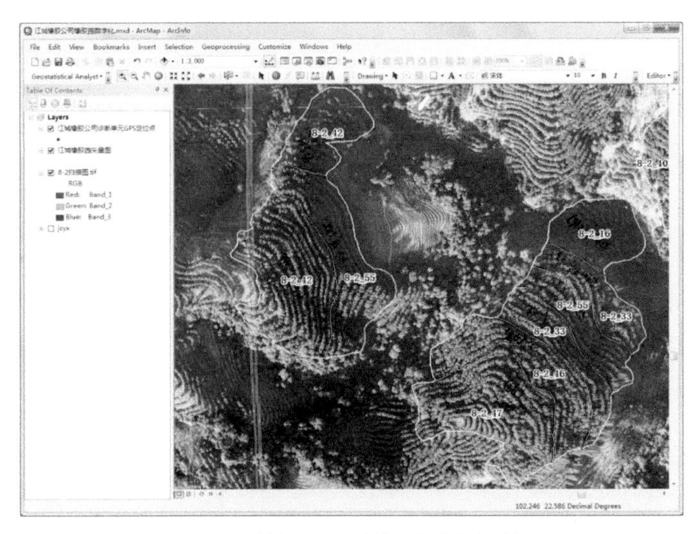

图4–4　江城橡胶公司树位边界矢量化界面

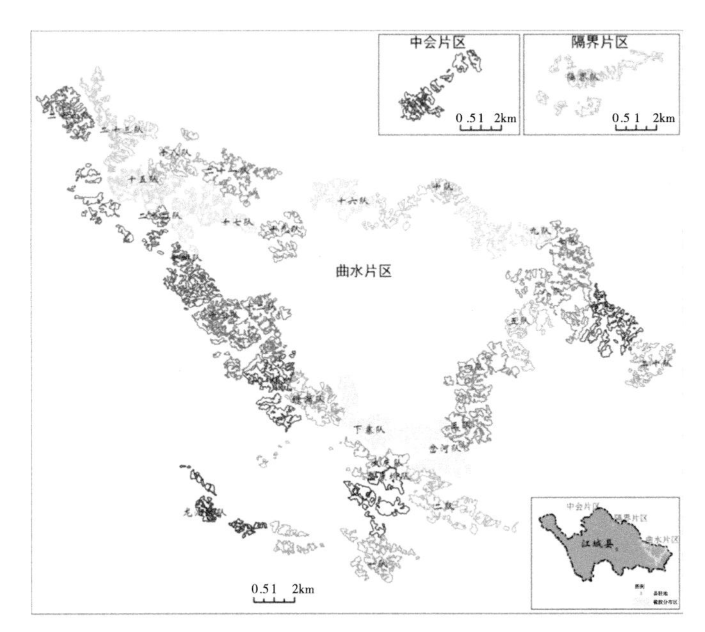

图4–5　江城橡胶公司树位边界矢量

二、橡胶园属性数据的整理

（一）橡胶园基础属性信息

通过收集江城橡胶公司日常生产管理技术资料，整理得到橡胶园基础信息，主要包括树位基本信息、树位产量信息和割胶技术考核信息。

1. 树位基本信息

树位分为未开割树位和开割树位，对江城橡胶公司提交的树位基本信息普查统计表进行整理汇总和表头处理。未开割树位基本信息表主要包含树位编号、品种、面积、定植年度、定植株数、平均树围、统计年度等字段。开割树位基本信息表主要包括树位编号、品种、面积、定植年度、定植株数、正常株数、死皮恢复、死皮、未开割树、小树等字段（图4-6）。

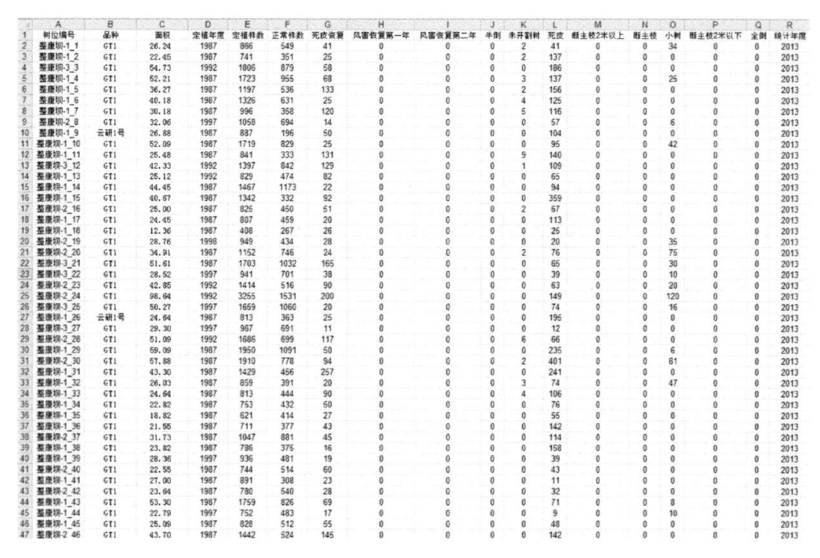

	A	B	C	D	E	F	G	H	I	J	K	L	M	N	O	P	Q	R
1	树位编号	品种	面积	定植年度	定植株数	正常株数	死皮恢复	风害恢复第一年	风害恢复第二年	半倒	未开割树	死皮	断主枝2米以上	断主枝	小树	断主枝2米以下	全倒	统计年度
2	整康坝-1_1	GT1	26.24	1987	866	549	41	0	0	0	2	41	0	0	34	0	0	2013
3	整康坝-1_2	GT1	22.45	1987	741	351	25	0	0	0	2	137	0	0	0	0	0	2013
4	整康坝-3_3	GT1	54.73	1992	1806	879	58	0	0	0	0	186	0	0	0	0	0	2013
5	整康坝-1_4	GT1	52.21	1987	1723	955	68	0	0	0	3	137	0	0	25	0	0	2013
6	整康坝-1_5	GT1	36.27	1987	1197	536	133	0	0	0	2	156	0	0	0	0	0	2013
7	整康坝-1_6	GT1	40.18	1987	1326	631	25	0	0	0	4	125	0	0	0	0	0	2013
8	整康坝-1_7	GT1	30.18	1987	996	358	120	0	0	0	5	116	0	0	0	0	0	2013
9	整康坝-2_8	GT1	32.06	1997	1058	694	14	0	0	0	0	57	0	0	6	0	0	2013
10	整康坝-1_9	云研1号	26.88	1987	887	196	50	0	0	0	0	104	0	0	0	0	0	2013
11	整康坝-1_10	GT1	52.09	1987	1719	829	25	0	0	0	0	95	0	0	42	0	0	2013
12	整康坝-1_11	GT1	25.48	1987	841	333	131	0	0	0	9	140	0	0	0	0	0	2013
13	整康坝-3_12	GT1	42.33	1992	1397	842	129	0	0	0	1	109	0	0	0	0	0	2013
14	整康坝-1_13	GT1	25.12	1992	829	474	82	0	0	0	0	65	0	0	0	0	0	2013
15	整康坝-1_14	GT1	44.45	1987	1467	1173	22	0	0	0	0	94	0	0	0	0	0	2013
16	整康坝-1_15	GT1	40.67	1987	1342	332	92	0	0	0	0	359	0	0	0	0	0	2013
17	整康坝-2_16	GT1	25.00	1987	825	450	51	0	0	0	2	67	0	0	0	0	0	2013
18	整康坝-1_17	GT1	24.45	1987	807	459	20	0	0	0	0	113	0	0	0	0	0	2013
19	整康坝-1_18	GT1	12.36	1987	408	267	26	0	0	0	0	25	0	0	0	0	0	2013
20	整康坝-2_19	GT1	28.76	1998	949	434	28	0	0	0	0	20	0	0	35	0	0	2013
21	整康坝-2_20	GT1	34.91	1987	1152	746	24	0	0	0	2	76	0	0	75	0	0	2013
22	整康坝-3_21	GT1	51.61	1987	1703	1032	165	0	0	0	0	65	0	0	30	0	0	2013
23	整康坝-3_22	GT1	28.52	1997	941	701	38	0	0	0	0	39	0	0	10	0	0	2013
24	整康坝-2_23	GT1	42.85	1992	1414	516	90	0	0	0	0	63	0	0	20	0	0	2013
25	整康坝-2_24	GT1	98.64	1992	3265	1531	200	0	0	0	0	149	0	0	120	0	0	2013
26	整康坝-3_25	GT1	50.27	1997	1659	1060	20	0	0	0	0	74	0	0	16	0	0	2013
27	整康坝-1_26	云研1号	24.64	1987	813	363	25	0	0	0	0	196	0	0	0	0	0	2013
28	整康坝-3_27	GT1	29.30	1997	967	691	11	0	0	0	0	12	0	0	0	0	0	2013
29	整康坝-2_28	GT1	51.09	1992	1686	699	117	0	0	0	6	66	0	0	0	0	0	2013
30	整康坝-1_29	GT1	59.09	1987	1950	1091	50	0	0	0	0	235	0	0	6	0	0	2013
31	整康坝-2_30	GT1	57.88	1987	1910	778	94	0	0	0	2	401	0	0	81	0	0	2013
32	整康坝-1_31	GT1	43.30	1987	1429	456	257	0	0	0	0	241	0	0	0	0	0	2013
33	整康坝-1_32	GT1	26.03	1987	859	391	20	0	0	0	3	74	0	0	47	0	0	2013
34	整康坝-1_33	GT1	24.64	1987	813	444	90	0	0	0	4	106	0	0	0	0	0	2013
35	整康坝-1_34	GT1	22.82	1987	753	432	50	0	0	0	0	76	0	0	0	0	0	2013
36	整康坝-1_35	GT1	18.82	1987	621	414	27	0	0	0	0	55	0	0	0	0	0	2013
37	整康坝-1_36	GT1	21.55	1987	711	377	43	0	0	0	0	142	0	0	0	0	0	2013
38	整康坝-2_37	GT1	31.73	1987	1047	881	45	0	0	0	0	114	0	0	0	0	0	2013
39	整康坝-1_38	GT1	23.82	1987	786	375	16	0	0	0	0	158	0	0	0	0	0	2013
40	整康坝-1_39	GT1	28.36	1997	936	481	19	0	0	0	0	39	0	0	0	0	0	2013
41	整康坝-2_40	GT1	22.55	1987	744	514	60	0	0	0	0	43	0	0	0	0	0	2013
42	整康坝-1_41	GT1	27.00	1987	891	308	23	0	0	0	0	11	0	0	0	0	0	2013
43	整康坝-2_42	GT1	23.64	1987	780	540	28	0	0	0	0	32	0	0	0	0	0	2013
44	整康坝-1_43	GT1	53.30	1987	1759	826	69	0	0	0	0	71	0	0	8	0	0	2013
45	整康坝-1_44	GT1	22.79	1997	752	483	17	0	0	0	0	9	0	0	10	0	0	2013
46	整康坝-1_45	GT1	25.09	1987	828	512	55	0	0	0	0	48	0	0	0	0	0	2013
47	整康坝-2 46	GT1	43.70	1987	1442	524	145	0	0	0	0	142	0	0	0	0	0	2013

图4-6　开割树位基本信息

2. 树位产量信息

江城橡胶公司树位产量信息主要包括树位编号、有效株数、计划任务、胶乳、一级干胶、二级干胶、完成计划任务比例、上缴时间。图4-7为江城橡胶公司23队2014年4月的树位产量月报表。

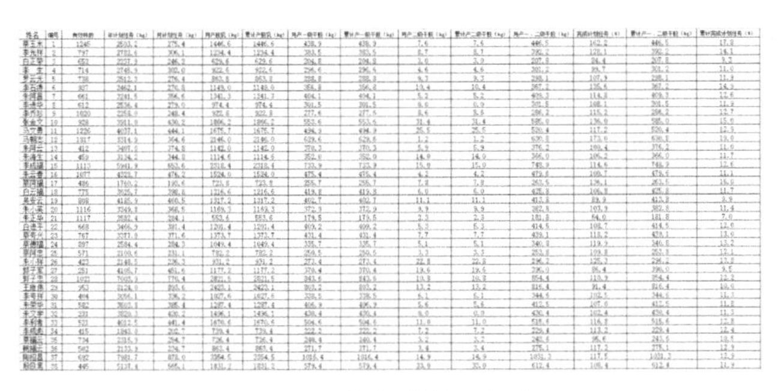

姓名	编号	有效株数	年计划任务（kg）	月计划任务（kg）	月产胶乳（kg）	累计产胶乳（kg）	月产一级干胶（kg）	累计产一级干胶（kg）	月产二级干胶（kg）	累计产二级干胶（kg）	月产一、二级干胶（kg）	完成计划任务（%）	累计产一、二级干胶（kg）	累计完成计划任务（%）
蔡玉米	1	1245	2503.2	275.4	1446.6	1446.6	438.9	438.9	7.6	7.6	446.5	162.2	446.5	17.8
李光祥	2	797	2782.4	306.1	1234.4	1234.4	383.5	383.5	8.7	8.7	392.2	128.1	392.2	14.1
白正荣	3	652	2237.3	246.2	629.6	629.6	204.8	204.8	3.0	3.0	207.8	84.4	207.8	9.3
李　生	4	714	2745.5	302.0	922.6	922.6	296.6	296.6	4.6	4.6	301.2	99.7	301.2	11.0
罗云光	5	738	2512.3	276.4	863.8	863.8	288.8	288.8	9.3	9.3	298.1	107.9	298.1	11.9
李石德	6	307	2462.1	276.8	1148.0	1148.0	356.8	356.8	10.4	10.4	367.2	135.6	367.2	14.9
朱阿昌	7	661	3241.5	356.6	1341.3	1341.7	404.1	404.1	5.2	5.2	409.3	114.8	409.3	12.6
李遗华	8	612	2536.4	279.0	974.4	974.4	301.5	301.5	6.0	6.0	301.5	108.1	301.5	11.9
李乔珍	9	1020	2258.0	248.4	922.8	922.8	277.6	277.6	8.6	8.6	286.2	115.2	286.2	12.7
张金文	10	928	3911.0	430.2	1806.2	1806.2	553.6	553.6	31.4	31.4	585.0	136.0	585.0	15.0
马文勇	11	1226	4037.1	444.1	1675.7	1675.7	494.9	494.9	25.5	25.5	520.4	117.2	520.4	12.9
马朝志	12	1317	3314.3	364.6	2146.0	2146.0	629.6	628.6	1.2	1.2	630.8	173.0	630.8	19.0
朱阿云	13	412	3407.0	374.8	1142.0	1142.0	370.3	370.3	5.9	5.9	376.2	100.4	376.2	11.0
朱海生	14	459	3134.2	344.8	1114.6	1114.6	352.0	352.0	14.0	14.0	366.0	106.2	366.0	11.7
李成福	15	1113	5941.9	653.6	2318.4	2318.4	733.9	733.9	15.0	15.0	748.9	114.6	748.9	12.6
朱云春	16	1077	4323.7	476.2	1524.0	1524.0	475.4	475.4	4.2	4.2	479.6	100.7	479.6	11.1
蔡阿福	17	486	1760.2	193.6	723.8	723.8	255.7	255.7	7.8	7.8	263.5	136.1	263.5	15.0
白云福	18	775	3625.7	398.8	1216.6	1216.6	419.8	419.8	6.0	6.0	425.8	106.8	425.8	11.7
吴安云	19	898	4185.9	460.5	1317.2	1317.2	402.7	402.7	11.1	11.1	413.8	89.9	413.8	9.9
朱小英	20	1116	3349.8	368.5	1169.3	1169.3	372.9	372.9	9.9	9.9	382.8	103.9	382.8	11.4
朱正华	21	1117	2582.4	284.1	553.6	553.6	179.5	179.5	2.3	2.3	181.8	64.0	181.8	7.0
白进平	22	668	3466.9	381.4	1201.4	1201.4	409.2	409.2	5.3	5.3	414.5	108.7	414.5	12.0
蔡奇兴	23	767	3377.0	371.6	1373.7	1373.7	431.4	431.4	7.7	7.7	439.1	118.2	439.1	13.0
蔡德福	24	897	2584.4	284.3	1049.4	1049.4	335.7	335.7	5.1	5.1	340.8	119.9	340.8	13.2
蔡阿忠	25	571	2100.6	231.1	782.2	782.2	250.5	250.5	3.3	3.3	253.8	109.8	253.8	12.1
朱小祥	26	423	2148.5	236.3	931.2	931.2	273.4	273.4	22.8	22.8	296.2	125.3	296.2	13.8
郭子军	27	251	4105.7	451.6	1177.2	1177.2	370.4	370.4	19.6	19.6	390.0	86.4	390.0	9.5
郭子忠	28	1022	7005.9	770.4	2821.5	2821.5	843.6	843.6	10.8	10.8	854.4	110.9	854.4	12.2
王继伟	29	963	8124.0	893.6	2423.1	2423.1	803.2	803.2	13.2	13.2	816.4	91.4	816.4	10.0
李奇祥	30	404	3056.1	336.2	1027.6	1027.6	338.5	338.5	6.1	6.1	344.6	102.5	344.6	11.3
朱荣华	31	582	3502.1	385.4	1287.4	1287.4	406.9	406.9	5.6	5.6	412.5	107.0	412.5	11.8
朱文学	32	231	3820.1	420.2	1436.1	1436.1	430.4	430.4	0.0	0.0	430.4	102.4	430.4	11.3
李利者	33	521	4012.5	441.4	1670.6	1670.6	504.6	504.6	11.0	11.0	515.6	116.8	515.6	12.8
李成彪	34	415	1843.0	202.7	739.4	739.4	222.2	222.2	7.2	7.2	229.4	113.2	229.4	12.4
蔡福云	35	734	2315.3	254.7	726.4	726.4	240.4	240.4	3.2	3.2	243.6	95.6	243.6	10.5
赖福云	36	582	2123.3	234.7	863.4	863.4	271.7	271.7	3.4	3.4	275.1	117.2	275.1	12.9
陶绍昌	37	692	7981.7	878.0	3354.5	3354.5	1016.4	1016.4	14.9	14.9	1031.3	117.5	1031.3	12.9
殷欧黑	38	445	5137.4	565.1	1831.2	1831.2	579.4	579.4	33.0	33.0	612.4	108.4	612.4	11.9

图4-7　树位产量月报表

3. 树位割胶技术考核信息

江城橡胶公司割胶技术考核指标主要包括耗皮、深度、割面、割线、六清洁、下刀、收刀、特伤、大伤、小伤，图4-8为江城橡胶公司23队2014年4月的树位割胶技术考核表。

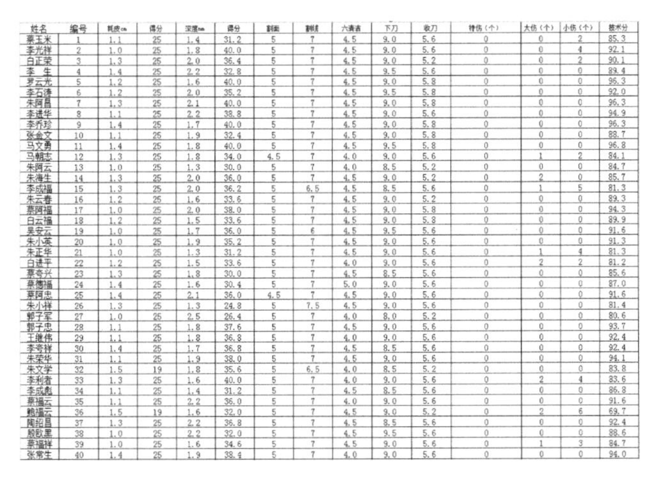

姓名	编号	耗皮cm	得分	深度mm	得分	割面	割线	六清洁	下刀	收刀	特伤（个）	大伤（个）	小伤（个）	技术分
蔡玉米	1	1.1	25	1.4	31.2	5	7	4.5	9.0	5.6	0	0	2	85.3
李光祥	2	1.0	25	1.8	40.0	5	7	4.5	9.0	5.6	0	0	4	92.1
白正荣	3	1.3	25	2.0	36.4	5	7	4.5	9.0	5.2	0	0	2	90.1
李　生	4	1.4	25	2.2	32.8	5	7	4.5	9.5	5.6	0	0	0	89.4
罗云光	5	1.2	25	1.6	40.0	5	7	4.5	9.0	5.8	0	0	0	96.3
李石德	6	1.2	25	2.0	35.2	5	7	4.5	9.5	5.8	0	0	0	92.0
朱阿昌	7	1.3	25	2.1	40.0	5	7	4.5	9.0	5.8	0	0	0	96.3
李遗华	8	1.1	25	2.2	38.8	5	7	4.5	9.0	5.6	0	0	0	94.9
李乔珍	9	1.4	25	1.7	40.0	5	7	4.5	9.0	5.8	0	0	0	96.3
张金文	10	1.1	25	1.9	32.4	5	7	4.5	9.0	5.8	0	0	0	88.7
马文勇	11	1.4	25	1.8	40.0	5	7	4.5	9.5	5.8	0	0	0	96.8
马朝志	12	1.3	25	1.8	34.0	4.5	7	4.0	9.0	5.6	0	1	2	84.1
朱阿云	13	1.0	25	1.3	30.0	5	7	4.0	8.5	5.2	0	0	0	84.7
朱海生	14	1.3	25	2.0	36.0	5	7	4.5	9.0	5.2	0	2	0	85.7
李成福	15	1.3	25	2.0	36.2	5	6.5	4.5	8.5	5.6	0	1	5	81.3
朱云春	16	1.2	25	1.6	33.6	5	7	4.5	9.0	5.2	0	0	0	89.3
蔡阿福	17	1.0	25	2.0	38.0	5	7	4.5	9.0	5.8	0	0	0	94.3
白云福	18	1.2	25	1.5	33.6	5	7	4.5	9.0	5.8	0	0	0	89.9
吴安云	19	1.0	25	1.7	36.0	5	6	4.5	9.5	5.6	0	0	0	91.6
朱小英	20	1.0	25	1.9	35.2	5	7	4.5	9.0	5.6	0	0	0	91.3
朱正华	21	1.0	25	1.3	31.2	5	7	4.5	9.0	5.6	0	1	4	81.3
白进平	22	1.2	25	1.5	33.6	5	7	4.0	9.0	5.6	0	2	2	81.2
蔡奇兴	23	1.3	25	1.8	30.0	5	7	4.5	8.5	5.6	0	0	0	85.6
蔡德福	24	1.4	25	1.6	30.4	5	7	5.0	9.0	5.6	0	0	0	87.0
蔡阿忠	25	1.4	25	2.1	36.0	4.5	7	4.5	9.0	5.6	0	0	0	91.6
朱小祥	26	1.3	25	1.3	24.8	5	7.5	4.5	9.0	5.6	0	0	0	81.4
郭子军	27	1.0	25	2.5	26.4	5	7	4.0	8.0	5.2	0	0	0	80.6
郭子忠	28	1.1	25	1.8	37.6	5	7	4.5	9.0	5.6	0	0	0	93.7
王继伟	29	1.1	25	1.8	36.8	5	7	4.0	9.0	5.6	0	0	0	92.4
李奇祥	30	1.4	25	1.7	36.8	5	7	4.5	8.5	5.6	0	0	0	92.4
朱荣华	31	1.1	25	1.9	38.0	5	7	4.5	9.0	5.6	0	0	0	94.1
朱文学	32	1.5	19	1.8	35.6	5	6.5	4.0	8.5	5.2	0	0	0	83.8
李利者	33	1.3	25	1.6	40.0	5	7	4.0	9.0	5.6	0	2	4	83.6
李成彪	34	1.1	25	1.4	31.2	5	7	4.5	8.5	5.6	0	0	0	86.8
蔡福云	35	1.1	25	2.2	36.0	5	7	4.0	9.0	5.6	0	0	0	91.6
赖福云	36	1.5	19	1.6	32.0	5	7	4.5	9.0	5.2	0	2	6	69.7
陶绍昌	37	1.3	25	2.2	36.8	5	7	4.5	8.5	5.6	0	0	0	92.4
殷欧黑	38	1.0	25	2.2	32.0	5	7	4.5	9.5	5.6	0	0	0	88.6
蔡福祥	39	1.0	25	1.6	34.6	5	7	4.5	9.0	5.6	0	1	3	84.7
张常生	40	1.4	25	1.9	38.4	5	7	4.0	9.0	5.6	0	0	0	94.0

图4-8　割胶技术考核表

（二）江城橡胶公司橡胶园养分空间分布

1. 橡胶树叶片养分空间分布

基于江城橡胶公司橡胶树叶片采样分析测定的养分含量结果，根据橡胶树叶片养分含量指标划分标准逐个进行重分类（表2-5），然后结合江城橡胶公司橡胶园树位边界得到江城橡胶公司橡胶树叶片养分含量空间分布图（图4-9至图4-13）。

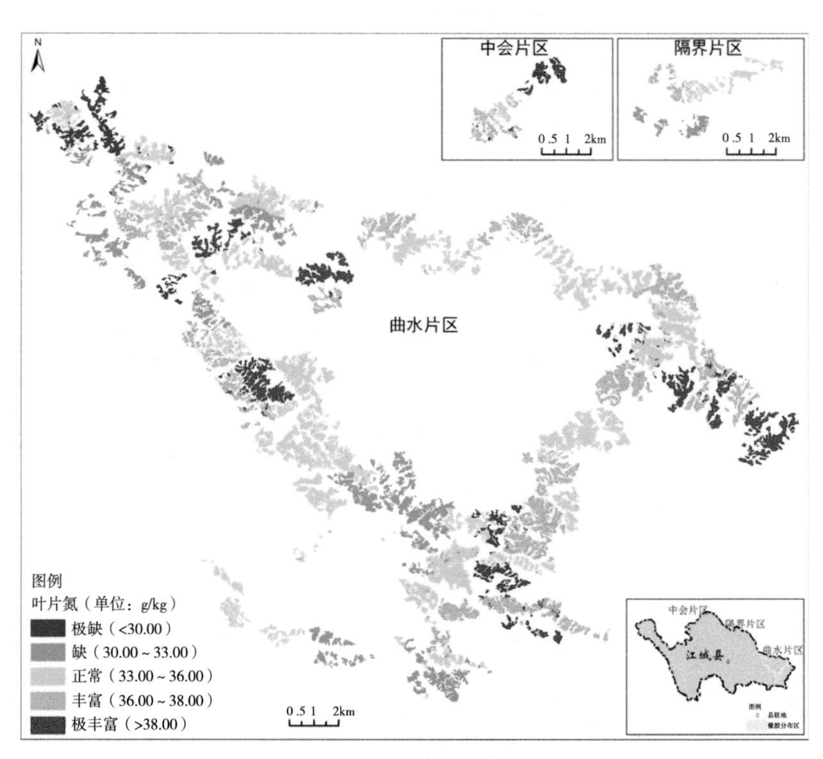

图4-9　橡胶树叶片氮含量空间分布

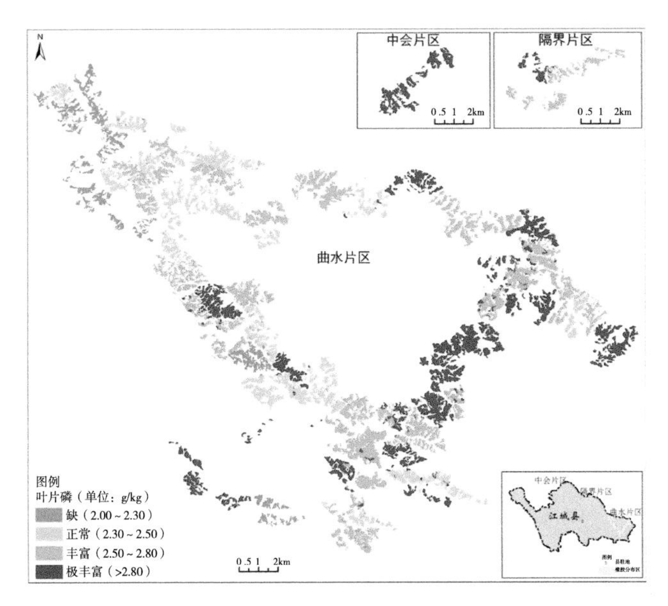

图4–10　橡胶树叶片磷含量空间分布

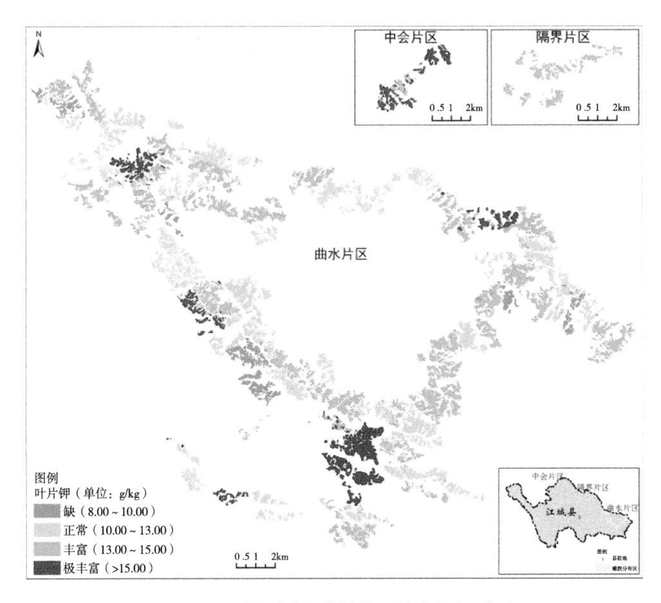

图4–11　橡胶树叶片钾含量空间分布

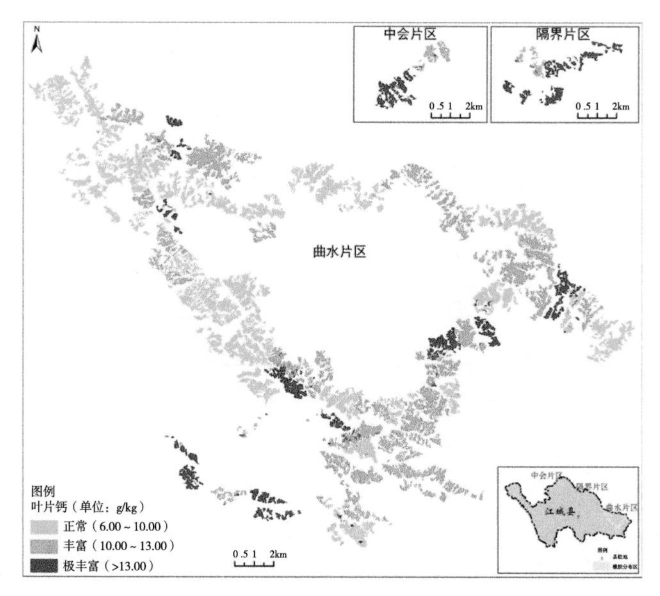

图4-12　橡胶树叶片钙含量空间分布

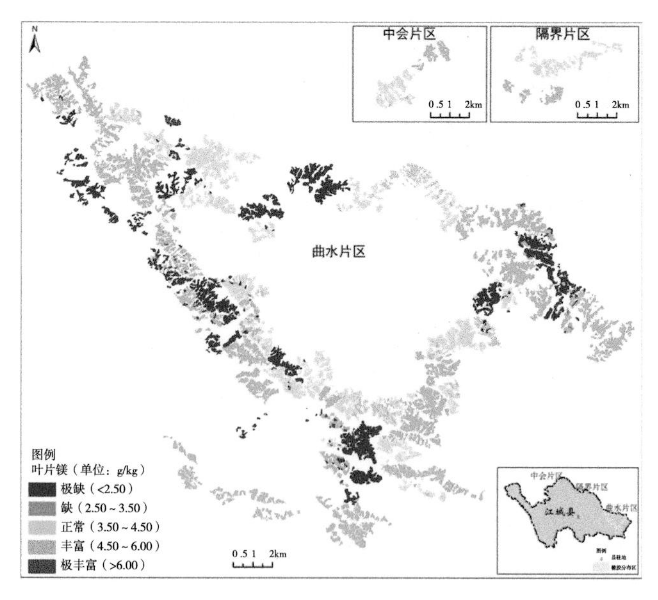

图4-13　橡胶树叶片镁含量空间分布

2. 橡胶园土壤养分空间分布

对土壤养分含量克里格估值图结果逐个进行重分类，得到江城橡胶公司橡胶园曲水片区土壤养分含量空间分布图（图4-14至图4-18）。

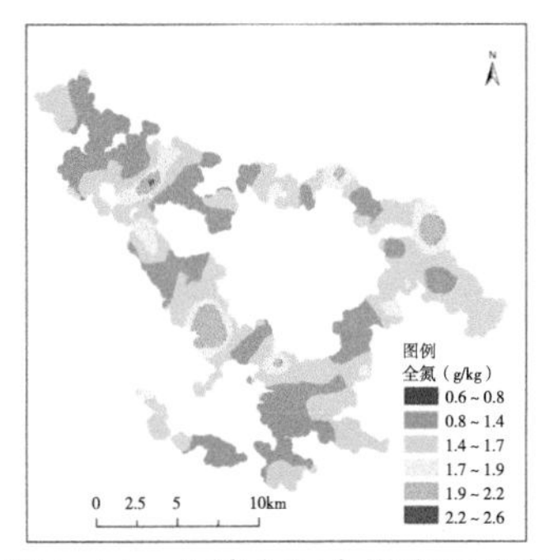

图4-14　土壤全氮含量空间分布

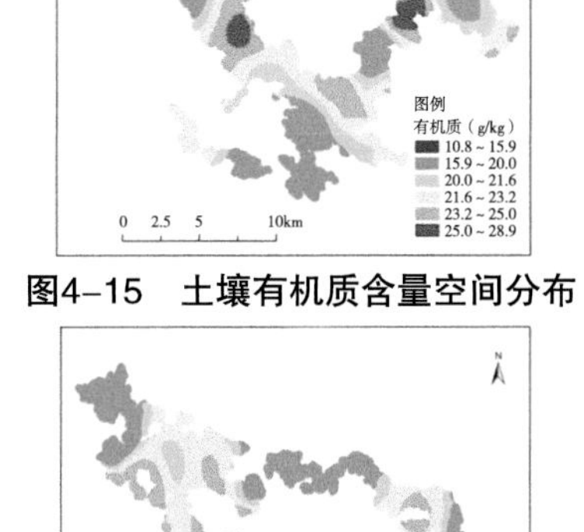

图4-15　土壤有机质含量空间分布

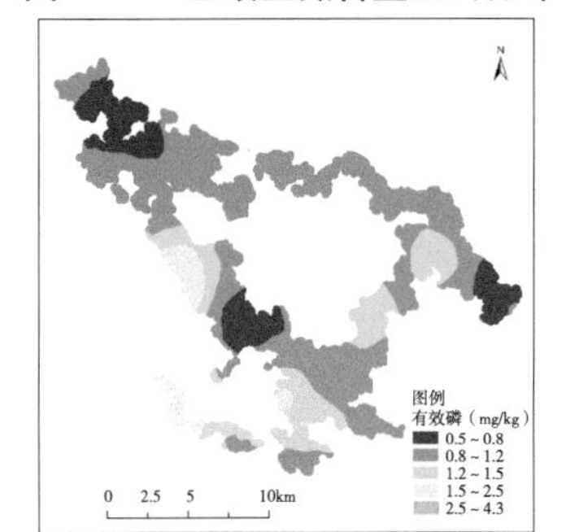

图4-16　土壤有效磷含量空间分布

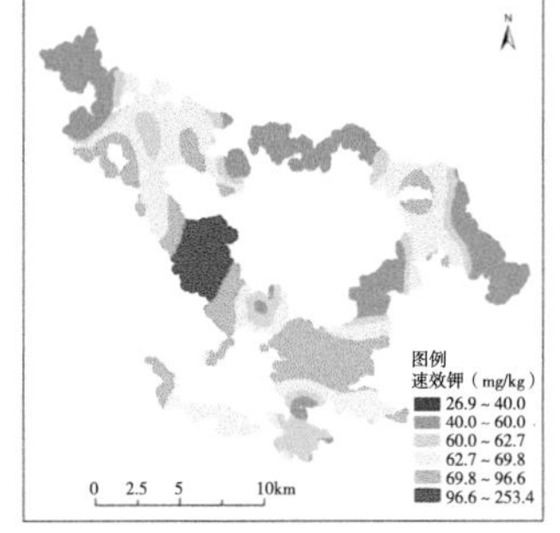

图4-17　土壤速效钾含量空间分布

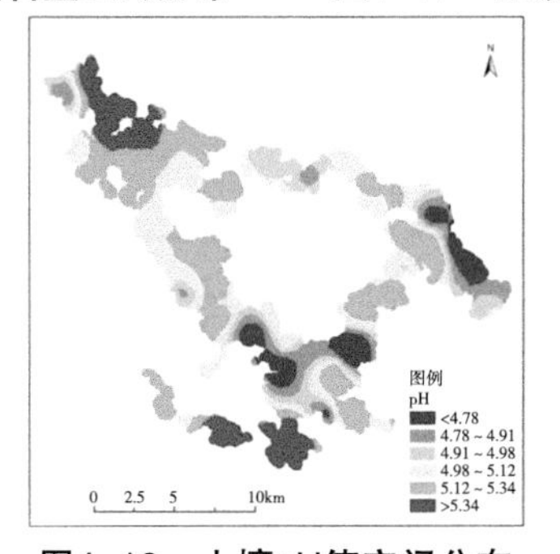

图4-18　土壤pH值空间分布

第二节　橡胶园信息管理系统的开发与实现

根据用户需求，不断细化、整合、完善实施方案，并进行了数据资料搜集、整理与入库、橡胶园信息管理系统调研、橡胶园信息管理系统开发方案设计、数据库设计等工作，基于GIS开发组件ArcEngine开发出一套橡胶园信息管理系统。

一、用户需求

本系统的用户主要是以种植橡胶树作为主要产业的植胶企业，系统建设目标为橡胶园信息化管理，根据用户需求调研，系统的应具备如下基本需求：

1）胶园基础信息浏览与查询；

2）生产计划编制；

3）割胶产量数据管理；

4）割胶技术评定；

5）精准施肥管理；

6）苗木管理；

7）产量分析与评估；

8）报表统计。

二、系统总体架构

结合对系统的整体分析，可得出如图4-19所示的系统总体架构，系统分为以下几个逻辑层次：物理层、数据层、应用层和表示层。

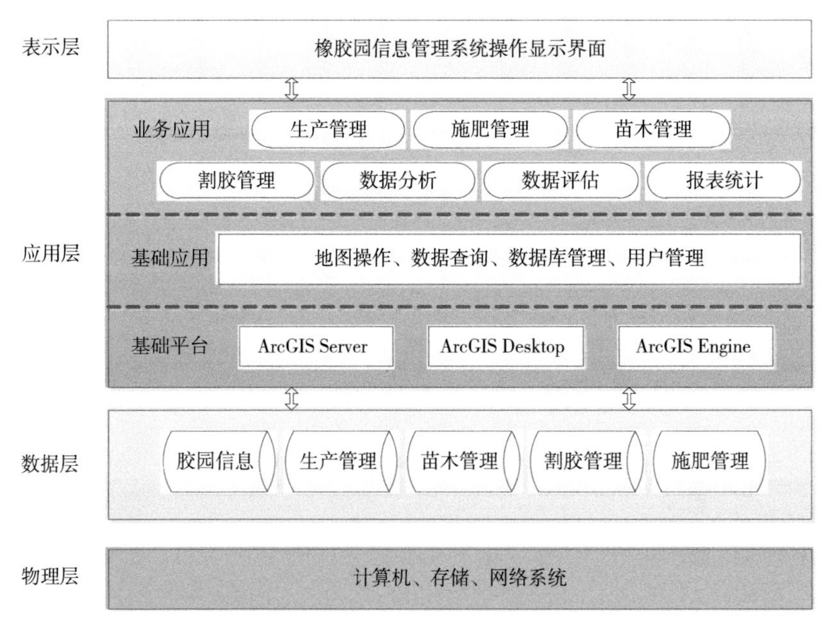

图4-19　系统总体架构

三、系统数据库

橡胶园信息管理系统属于典型的应用型地理信息系统。系统数据库需要存储、管理橡胶园的空间信息和属性信息。系统数据库采用混合型结构模型进行存储，即将空间数据存储在专用的文件管理系统中，属性数据存储在关系型数据库管理系统中，两个子系统之间使用一种标识联系起来。

系统的空间数据主要包括树位分布图层和生产队分布图层，树位分布图层以树位编号与树位属性表一一对应，生产队分布图层以生产队编号与生产队属性表一一对应，以此来定位空间数据的属性信息。属性数据主要包括胶园信息、生产管理、苗木管理、割胶管理、施肥管理、用户管理。

（一）空间数据

江城橡胶公司空间数据包括树位分布图层和生产队分布图层，以Shapefile格式存储。两个图层的属性如表4-1和表4-2所示。

表4-1　树位分布图层

字段名称	说明	数据类型	长度	备注
FID				Shapefile自带，不能更改
Shape		几何		几何类型为多边形
swNO	树位编号	字符	20	与树位属性表联系的标识

表4-2　生产队分布图层

字段名称	说明	数据类型	长度	备注
FID				Shapefile自带，不能更改
Shape		几何		几何类型为多边形
teamID	生产队ID	整数型	4	与生产队属性表联系的标识

（二）属性数据

1. 胶园信息（表4-3，表4-4）

表4-3　树位属性

字段名称	说明	数据类型	长度	备注
swNO	树位编号	字符	20	主键
teamID	隶属生产队ID	整数型	4	
isUseStimulant	是否使用刺激剂	逻辑型	1	
rubTypeID	橡胶树品种ID	整数型	4	
area	树位面积	浮点型	8	
isCutTree	是否为开割林	逻辑型	1	
treeLevel	林地等级	整数型	4	

注：treeLevel分为三级，分别对应1、甲等2、乙等3、丙等

表4-4 生产队属性

字段名称	说明	数据类型	长度	备注
teamID	生产队ID	整数型	4	主键
teamName	队名	字符	20	
leader	领导姓名	字符	10	

2. 生产管理（表4-5至表4-7）

表4-5 产量计划

字段名称	说明	数据类型	长度	备注
swNO	树位编号	字符	20	
cutTree	开割树	整数型	4	
planDryTotal	干胶计划	浮点型	8	
planMisc	杂胶计划	浮点型	8	
planHand	上交产量计划	浮点型	8	
planYear	计划年度	整数型	4	
planMonth	计划月度	整数型	4	

表4-6 生产计划参数

字段名称	说明	数据类型	长度	备注
dry_RATIO	计划干胶比例	浮点型	8	
misc_RATIO	计划杂胶比例	浮点型	8	
hand_RATIO	计划上缴比例	浮点型	8	
lineToDry	每公斤胶线折干胶	浮点型	8	
blockToDry	每公斤胶块折干胶	浮点型	8	
plan_1	1月计划占年度比	浮点型	8	
plan_2	2月计划占年度比	浮点型	8	

（续表）

字段名称	说明	数据类型	长度	备注
plan_3	3月计划占年度比	浮点型	8	
plan_4	4月计划占年度比	浮点型	8	
plan_5	5月计划占年度比	浮点型	8	
plan_6	6月计划占年度比	浮点型	8	
plan_7	7月计划占年度比	浮点型	8	
plan_8	8月计划占年度比	浮点型	8	
plan_9	9月计划占年度比	浮点型	8	
plan_10	10月计划占年度比	浮点型	8	
plan_11	11月计划占年度比	浮点型	8	
plan_12	12月计划占年度比	浮点型	8	
hand_1	1月计划上缴量占年度比	浮点型	8	
hand_2	2月计划上缴量占年度比	浮点型	8	
hand_3	3月计划上缴量占年度比	浮点型	8	
hand_4	4月计划上缴量占年度比	浮点型	8	
hand_5	5月计划上缴量占年度比	浮点型	8	
hand_6	6月计划上缴量占年度比	浮点型	8	
hand_7	7月计划上缴量占年度比	浮点型	8	
hand_8	8月计划上缴量占年度比	浮点型	8	
hand_9	9月计划上缴量占年度比	浮点型	8	
hand_10	10月计划上缴量占年度比	浮点型	8	
hand_11	11月计划上缴量占年度比	浮点型	8	
hand_12	12月计划上缴量占年度比	浮点型	8	
plan_year	生产计划年度	整数型	4	主键

表4-7 橡胶树生产曲线

字段名称	说明	数据类型	长度	备注
rubTypeID	橡胶树品种ID	整数型	4	主键
year_1	第1年单株产量	浮点型	8	
year_2	第2年单株产量	浮点型	8	
year_3	第3年单株产量	浮点型	8	
year_4	第4年单株产量	浮点型	8	
year_5	第5年单株产量	浮点型	8	
year_6	第6年单株产量	浮点型	8	
year_7	第7年单株产量	浮点型	8	
year_8	第8年单株产量	浮点型	8	
year_9	第9年单株产量	浮点型	8	
year_10	第10年单株产量	浮点型	8	
year_11	第11年单株产量	浮点型	8	
year_12	第12年单株产量	浮点型	8	
year_13	第13年单株产量	浮点型	8	
year_14	第14年单株产量	浮点型	8	
year_15	第15年单株产量	浮点型	8	
year_16	第16年单株产量	浮点型	8	
year_17	第17年单株产量	浮点型	8	
year_18	第18年单株产量	浮点型	8	
year_19	第19年单株产量	浮点型	8	
year_20	第20年单株产量	浮点型	8	
year_21	第21年单株产量	浮点型	8	
year_22	第22年单株产量	浮点型	8	
year_23	第23年单株产量	浮点型	8	

（续表）

字段名称	说明	数据类型	长度	备注
year_24	第24年单株产量	浮点型	8	
year_25	第25年单株产量	浮点型	8	

3. 苗木管理（表4-8，表4-9）

表4-8　开割树苗木管理

字段名称	说明	数据类型	长度	备注
swNO	树位编号	字符	20	
fixYear	定植年度	整数型	4	
fixTrees	定植株数	整数型	4	
existTrees	现有株数	整数型	4	
cutTrees	开割株数	整数型	4	
unCutTrees	未开割株数	整数型	4	
norTrees	正常树	整数型	4	
deadStore	死皮恢复	整数型	4	
windStore_1	风害恢复第一年	整数型	4	
windStore_2	风害恢复第二年	整数型	4	
halfFall	半倒	整数型	4	
unSTCutTree	未开割树	整数型	4	
deadSkin	死皮	整数型	4	
breakMaster_2Up	断主2米以上	整数型	4	
breakMaster	断主枝	整数型	4	
smallTree	小树	整数型	4	
breakMaster_2Down	断主2米以下	整数型	4	
fall	全倒	整数型	4	
staSt_TM	统计起始时间	日期型	3	
staEndt_TM	统计截止时间	日期型	3	

表4-9 未开割树苗木管理

字段名称	说明	数据类型	长度	备注
swNO	树位编号	字符	20	
fixYear	定植年度	整数型	4	
fixTrees	定植株数	整数型	4	
existTrees	现有株数	整数型	4	
cutTrees	开割株数	整数型	4	
unCutTrees	未开割株数	整数型	4	
treeGirth_25	25cm以下	整数型	4	
treeGirth_30	25 ~ 30cm	整数型	4	
treeGirth_35	30 ~ 35cm	整数型	4	
treeGirth_40	35 ~ 40cm	整数型	4	
treeGirth_45	40 ~ 45cm	整数型	4	
treeGirth_49	45 ~ 49cm	整数型	4	
treeGirth_50	49cm以上	整数型	4	
averageLength	树围平均长度	整数型	4	
staSt_TM	统计起始时间	日期型	3	
staEndt_TM	统计截止时间	日期型	3	

4. 割胶管理（表4-10至表4-14）

表4-10 生产产量实际完成

字段名称	说明	数据类型	长度	备注
swNO	树位编号	字符	20	
cutTree	开割树	整数型	4	
dryTotal	干胶总和	浮点型	8	
glue	胶水	浮点型	8	

（续表）

字段名称	说明	数据类型	长度	备注
dryContent	平均干胶含量	浮点型	8	
gumLine	胶线	浮点型	8	
rubberBlock	胶块	浮点型	8	
misctoDry	杂胶折干胶	浮点型	8	
handed	总上交量	浮点型	8	
cmpDate	上交日期	日期型	3	
cmpType	记录类型	整数型	4	0：全天，1：上午，2：下午
TM_Update	最后更新日期	日期时间型	8	

表4-11　胶工等级划分标准

字段名称	说明	数据类型	长度	备注
levelID	胶工等级	整数型	4	
levelName	等级名称	字符	20	
minValue	等级分值下限	整数型	4	
maxValue	等级分值上限	整数型	4	
exeYear	执行年度	整数型	4	

表4-12　胶工等级评价标准

字段名称	说明	数据类型	长度	备注
usebark	单刀耗皮标准	浮点型	8	
usebarkValue	单刀耗皮标准分数	浮点型	8	
spcHurtCount	允许特伤数量	整数型	4	
bigHurtCount	允许大伤数量	整数型	4	
smlHurtCount	允许小伤数量	整数型	4	

（续表）

字段名称	说明	数据类型	长度	备注
spcHurtValue	特伤超标扣分标准	浮点型	8	
bigHurtValue	大伤超标扣分标准	浮点型	8	
smlHurtValue	小伤超标扣分标准	浮点型	8	
isUseStimulant	是否为刺激剂标准	逻辑型	1	
exeYear	执行年度	整数型	4	Key

表4-13　胶工信息

字段名称	说明	数据类型	长度	备注
workerID	胶工ID	整数型	4	主键
workerName	胶工姓名	字符	20	
teamID	所属队ID	整数型	4	

表4-14　胶工管理树位

字段名称	说明	数据类型	长度	备注
raID	标识	整数型	4	主键
swNO	树位编号	字符	20	
workerID	胶工ID	整数型	4	
manageStTM	管理起始时间	日期型	3	
manageEndTM	管理截止时间	日期型	3	

5. 施肥管理（表4-15，表4-16）

表4-15　树位叶片养分

字段名称	说明	数据类型	长度	备注
swNO	树位编号	字符	20	Key
leaf_N	叶片N	浮点型	8	
leaf_P	叶片P	浮点型	8	

（续表）

字段名称	说明	数据类型	长度	备注
leaf_K	叶片K	浮点型	8	
leaf_Ca	叶片Ca	浮点型	8	
leaf_Mg	叶片Mg	浮点型	8	
Leaf_Year	叶片养分年度	整数型	4	
creatTM	建立时间	日期时间型	8	

表4-16　树位土壤养分

字段名称	说明	数据类型	长度	备注
swNO	树位编号	字符	20	
soil_OM	土壤有机质	浮点型	8	
soil_TN	土壤全氮	浮点型	8	
soil_AP	土壤有效磷	浮点型	8	
soil_AK	土壤速效钾	浮点型	8	
soil_pH	土壤_pH	浮点型	8	
soil_Year	土壤养分年度	整数型	4	
creatTM	建立时间	日期时间型	8	

6. 用户管理（表4-17）

表4-17　用户管理

字段名称	说明	数据类型	长度	备注
ID	自增ID	整数型	4	
LoginName	账号	字符	20	
PassWord	密码	二进制	24	
UserType	用户类型	整数型	4	
RealName	姓名	字符	20	

四、系统软硬件环境

在企业内部建立局域网，由一台服务器多台PC机组成。

（一）服务器环境需求

1. 硬件

CUP：四核；内存：4GB；硬盘：500GB。

2. 软件

操作系统：Windows Server 2003以上版本；数据库：SQL Server 2008 R2；GIS软件：ArcGIS10.0、ArcGIS Server10.0、ArcEngine10.0；系统开发软件：Microsoft Visual Studio 2015；其他：NET Framework 4.5。

（二）客户机环境需求

1. 硬件

CUP：2.10GHz；内存：2GB；硬盘：40GB。

2. 软件

操作系统：Windows XP以上版本；GIS软件：ArcEngine10.0 runtime；.NET Framework 4.5。

（三）网络环境需求

100M以上局域网网络传输速度。

五、橡胶园信息管理系统的实现

（一）服务器端实现

服务器端的实现主要包括系统软件环境安装，即安装和配置IIS服务器，安装SQL Server、ArcGIS Desktop、ArcGIS Server，用ArcGIS Desktop创建专题地图以及使用ArcGIS Server创建地图服务。

（二）客户端实现

ArcEngine是一个基于组件的GIS开发框架，利用ArcEngine可快速构建针对特定行业的GIS系统。本系统客户端采用C#+ArcEngine实现。

用户通过登录界面成功登录到系统后，进入系统主界面。橡胶园信息管理系统界面主要分为菜单栏、工具栏、地图查询浏览视图区、图层区、地图要素属性显示区等（图4-20，图4-21）。

图4-20　橡胶园信息管理系统登录界面

图4-21　橡胶园信息管理系统主界面

橡胶园信息管理系统主要包括以下几个模块：胶园基础信息浏览与查询、生产计划编制、苗木管理、割胶管理、施肥管理、数据分析与评估、报表统计。

1. 胶园基础信息浏览与查询模块

可以控制图层是否显示，还可以设置图层的基本属性；提供漫游、放大、缩小等基本地图操作工具；提供点选查询和快速定位两个工具，点选查询（图4-22）是对所选要素的属性信息进行查询，快速定位工具提供SQL方式的条件查询，可以通过下拉列表选择相应的条件进行检索，并把符合条件的树位高亮显示（图4-23）。

图4-22　点选查询

图4-23　快速定位

2. 生产计划编制模块

生产计划编制的操作流程为：产量曲线设置→生产计划参数设置→生产计划编制。

产量曲线设置是设置橡胶树生长期生长曲线，即不同割龄的单株年产（图4-24）。

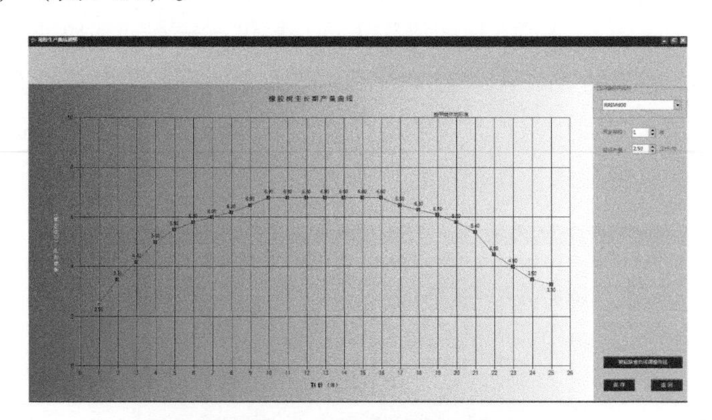

图4-24　产量曲线设置

生产计划参数设置的主要内容包括：制订年度、计划干胶比例、计划上缴比例、每公斤*胶线折干胶、每公斤胶块折干胶、月度计划、月度上缴计划（图4-25）。

产量曲线和生产计划参数设置完成后，可以开始编制生产计划。生产计划编制包括5种策略。①按总目标产量：输入总目标产量即可得出生产计划表（图4-26）；②按单株目标产量：输入单株目标产量即可得出生产计划表；③按上一年度计划产量：输入上一年度的计划产量提升或下降百分比；④按上一年度实际完成产量：输入上一年度的实际完成产量提升或下降百分比；⑤智能模式：是按照树位基本信息、历史产量记录和橡胶树生长期生长曲线综合分析得出生产计划表（图4-27）。

---

*　1公斤=1千克。全书同

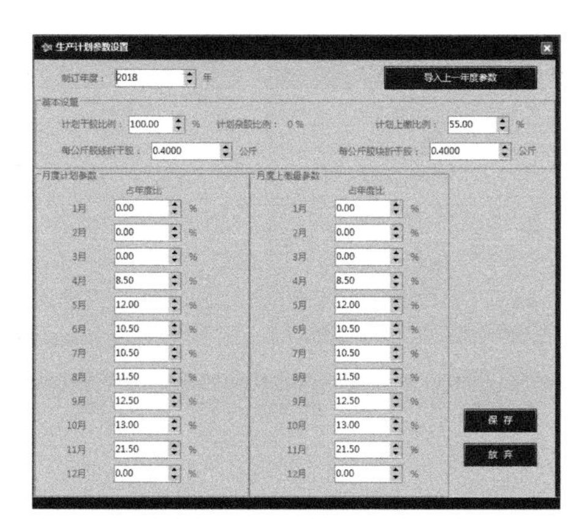

图4-25　生产计划参数设置

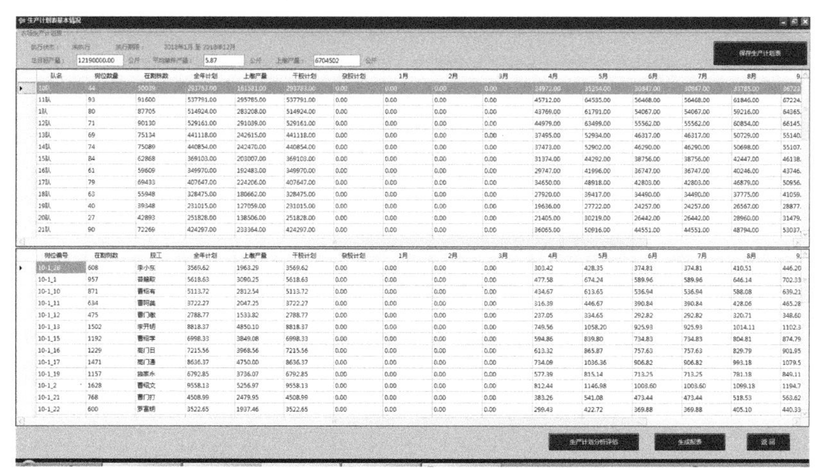

图4-26　按总目标产量编制生产计划

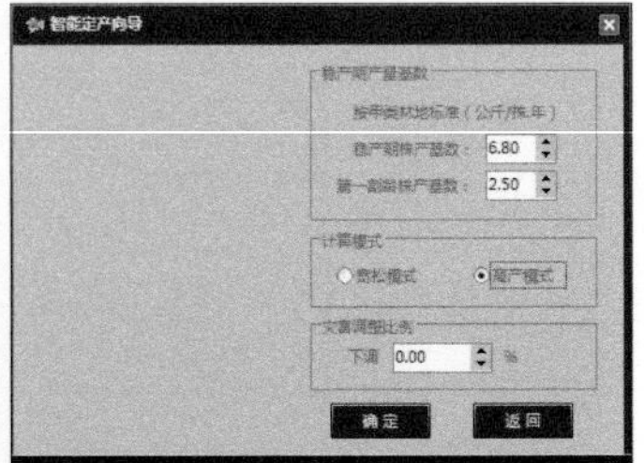

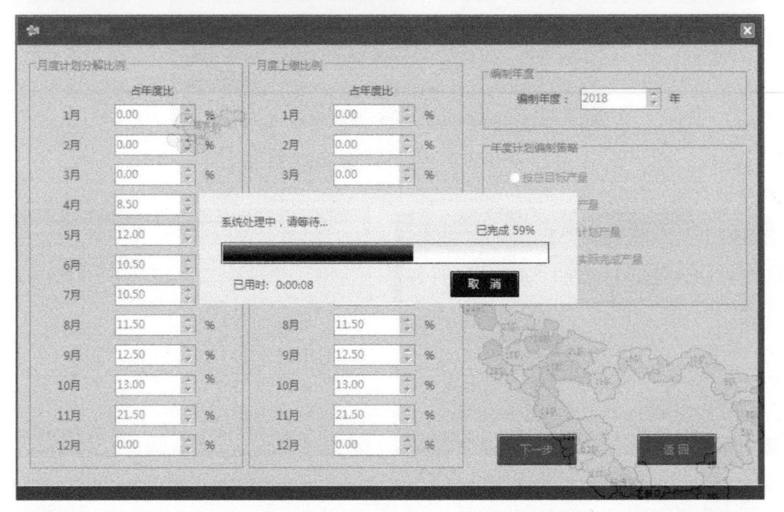

生产计划表基本情况

12190000.00　　5.87　　6704502

保存生产计划表

队名	树位数量	在割株数	全年计划	上缴产量	干胶计划	杂胶计划	1月	2月	3月	4月	5月	6月	7月	8月	9月
10队	44	50039	293783.00	161581.00	293783.00	0.00	0.00	0.00	0.00	24972.00	35254.00	30847.00	30847.00	33785.00	36723.
11队	93	91600	537791.00	295785.00	537791.00	0.00	0.00	0.00	0.00	45712.00	64535.00	56468.00	56468.00	61846.00	67224.
1队	80	87705	514924.00	283208.00	514924.00	0.00	0.00	0.00	0.00	43769.00	61791.00	54067.00	54067.00	59216.00	64365.
12队	71	90130	529161.00	291039.00	529161.00	0.00	0.00	0.00	0.00	44979.00	63499.00	55562.00	55562.00	60854.00	66145.
13队	69	75134	441118.00	242615.00	441118.00	0.00	0.00	0.00	0.00	37495.00	52934.00	46317.00	46317.00	50729.00	55140.
14队	74	75089	440854.00	242470.00	440854.00	0.00	0.00	0.00	0.00	37473.00	52902.00	46290.00	46290.00	50698.00	55107.
15队	84	62868	369103.00	203007.00	369103.00	0.00	0.00	0.00	0.00	31374.00	44292.00	38756.00	38756.00	42447.00	46138.
16队	61	59609	349970.00	192483.00	349970.00	0.00	0.00	0.00	0.00	29747.00	41996.00	36747.00	36747.00	40246.00	43746.
17队	79	69433	407647.00	224206.00	407647.00	0.00	0.00	0.00	0.00	34650.00	48918.00	42803.00	42803.00	46879.00	50956.
18队	63	55948	328475.00	180662.00	328475.00	0.00	0.00	0.00	0.00	27920.00	39417.00	34490.00	34490.00	37775.00	41059.
19队	40	39348	231015.00	127059.00	231015.00	0.00	0.00	0.00	0.00	19636.00	27722.00	24257.00	24257.00	26567.00	28877.
20队	27	42893	251828.00	138506.00	251828.00	0.00	0.00	0.00	0.00	21405.00	30219.00	26442.00	26442.00	28960.00	31479.
21队	90	72269	424297.00	233364.00	424297.00	0.00	0.00	0.00	0.00	36065.00	50916.00	44551.00	44551.00	48794.00	53037.

树位编号	在割株数	胶工	全年计划	上缴产量	干胶计划	杂胶计划	1月	2月	3月	4月	5月	6月	7月	8月	9月
10-1_28	608	李小东	3569.62	1963.29	3569.62	0.00	0.00	0.00	0.00	303.42	428.35	374.81	374.81	410.51	446.20
10-1_1	957	普颖取	5618.63	3090.25	5618.63	0.00	0.00	0.00	0.00	477.58	674.24	589.96	589.96	646.14	702.33
10-1_10	871	曹绍有	5113.72	2812.54	5113.72	0.00	0.00	0.00	0.00	434.67	613.65	536.94	536.94	588.08	639.21
10-1_11	634	曹阿美	3722.27	2047.25	3722.27	0.00	0.00	0.00	0.00	316.39	446.67	390.84	390.84	428.06	465.28
10-1_12	475	曹门徽	2788.77	1533.82	2788.77	0.00	0.00	0.00	0.00	237.05	334.65	292.82	292.82	320.71	348.60
10-1_13	1502	李开明	8818.37	4850.10	8818.37	0.00	0.00	0.00	0.00	749.56	1058.20	925.93	925.93	1014.11	1102.3
10-1_15	1192	曹绍学	6998.33	3849.08	6998.33	0.00	0.00	0.00	0.00	594.86	839.80	734.83	734.83	804.81	874.79
10-1_16	1229	曹门日	7215.56	3968.56	7215.56	0.00	0.00	0.00	0.00	613.32	865.87	757.63	757.63	829.79	901.95
10-1_17	1471	曹门港	8636.37	4750.00	8636.37	0.00	0.00	0.00	0.00	734.09	1036.36	906.82	906.82	993.18	1079.5
10-1_19	1157	鲍家永	6792.85	3736.07	6792.85	0.00	0.00	0.00	0.00	577.39	815.14	713.25	713.25	781.18	849.11
10-1_2	1628	曹绍文	9558.13	5256.97	9558.13	0.00	0.00	0.00	0.00	812.44	1146.98	1003.60	1003.60	1099.18	1194.7
10-1_21	768	曹门打	4508.99	2479.95	4508.99	0.00	0.00	0.00	0.00	383.26	541.08	473.44	473.44	518.53	563.62
10-1_22	600	罗富明	3522.65	1937.46	3522.65	0.00	0.00	0.00	0.00	299.43	422.72	369.88	369.88	405.10	440.33

生产计划分析评估　　生成报表　　返回

图4-27　按智能模式编制生产计划

3. 苗木管理模块

以树位为最小管理单元进行苗木管理，包括未开割树位和开割树位苗木管理，未开割树位可以通过“转换为开割林”工具转换为开割树位。苗木数据可以通过相应的Excel模板导入系统（图4-28）或通过树位苗木管理界面进行更新（图4-29），可以根据树位编号、定植株数、定植年度等条件进行搜索查询苗木统计数据，也可对苗木数据进行导出（图4-30）。

图4-28　苗木数据导入

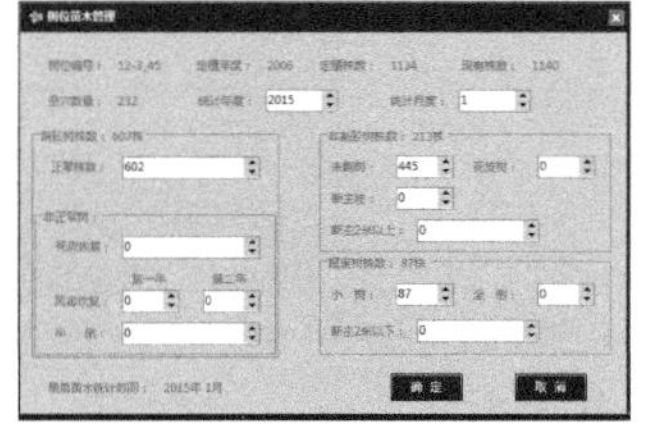

图4-29　苗木数据更新

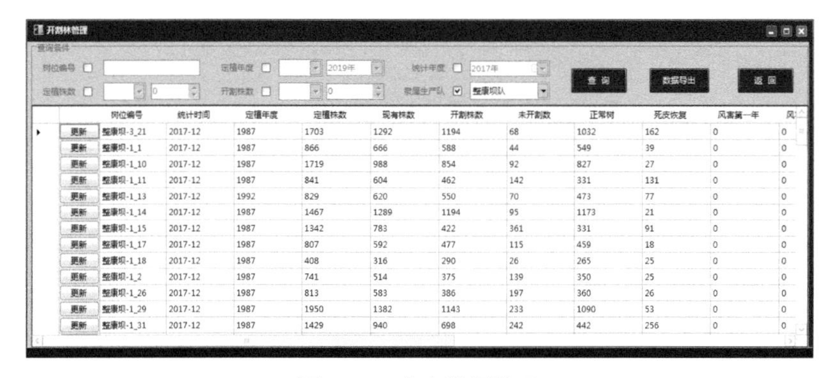

	树位编号	统计时间	定植年度	定植株数	现有株数	开割株数	未开割数	正常树	死皮恢复	风害第一年	风
更新	整康坝-3_21	2017-12	1987	1703	1292	1194	68	1032	162	0	0
更新	整康坝-1_1	2017-12	1987	866	666	588	44	549	39	0	0
更新	整康坝-1_10	2017-12	1987	1719	988	854	92	827	27	0	0
更新	整康坝-1_11	2017-12	1987	841	604	462	142	331	131	0	0
更新	整康坝-1_13	2017-12	1992	829	620	550	70	473	77	0	0
更新	整康坝-1_14	2017-12	1987	1467	1289	1194	95	1173	21	0	0
更新	整康坝-1_15	2017-12	1987	1342	783	422	361	331	91	0	0
更新	整康坝-1_17	2017-12	1987	807	592	477	115	459	18	0	0
更新	整康坝-1_18	2017-12	1987	408	316	290	26	265	25	0	0
更新	整康坝-1_2	2017-12	1987	741	514	375	139	350	25	0	0
更新	整康坝-1_26	2017-12	1987	813	583	386	197	360	26	0	0
更新	整康坝-1_29	2017-12	1987	1950	1382	1143	233	1090	53	0	0
更新	整康坝-1_31	2017-12	1987	1429	940	698	242	442	256	0	0

图4-30　苗木数据管理

4. 割胶管理模块

割胶管理模块包括割胶产量数据管理、割胶技术评价标准管理、考核管理和胶工管理。割胶产量数据管理可以录入或者Excel模板导入割胶产量数据（图4-31）。割胶技术评价标准管理可以查看和编辑相应年份的胶工等级评定及划分标准参数（图4-32）。考

核管理可以录入或者excel模板导入、查看及编辑胶工割胶技术评定成绩（图4-33）。胶工管理可以查询和编辑胶工信息（图4-34）。

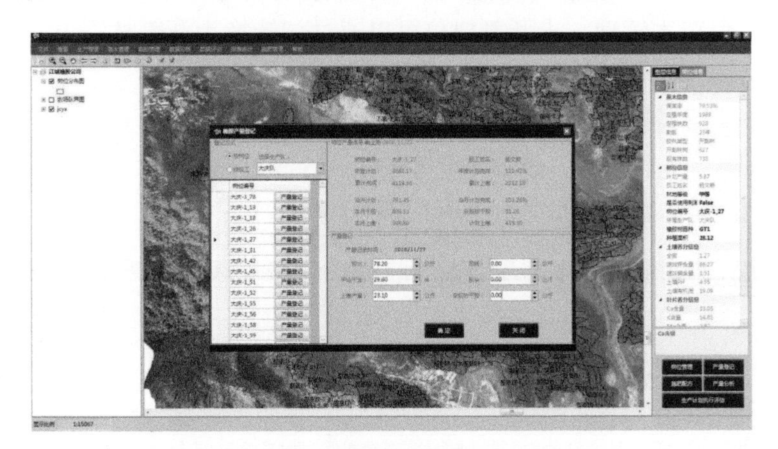

录入割胶产量数据

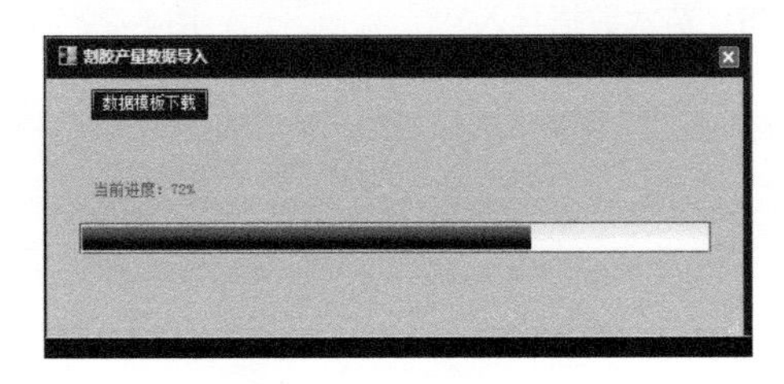

Excel模板导入割胶产量数据

图4-31　割胶产量数据管理

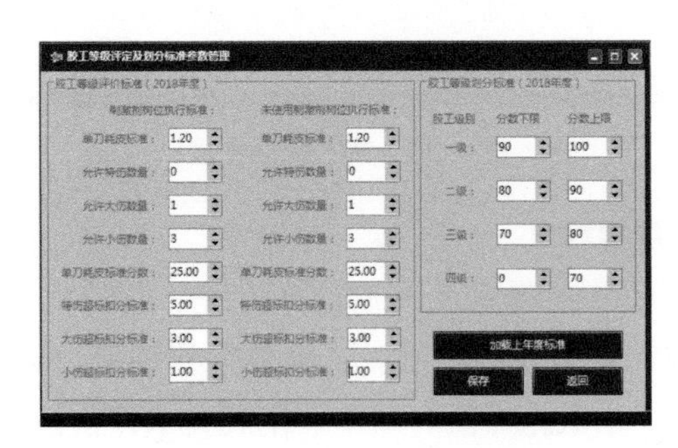

图4-32　割胶技术评价标准

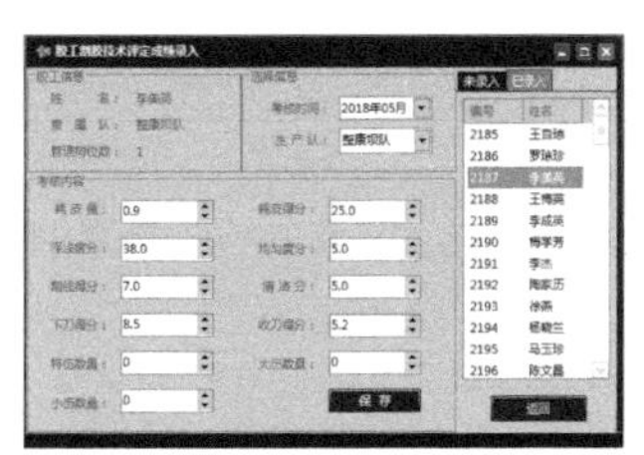

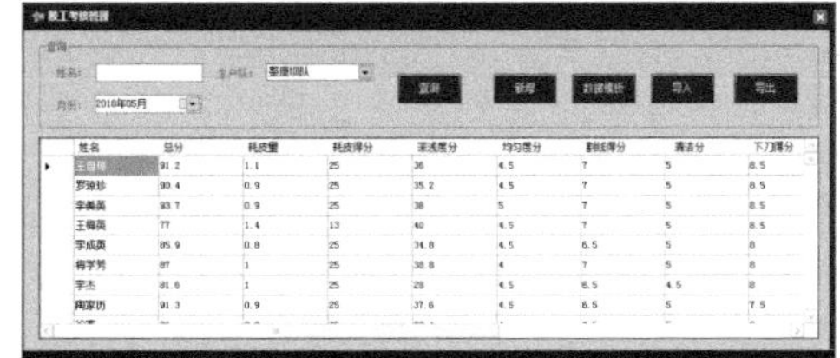

图4–33　考核管理

图4–34　胶工管理

5. 施肥管理模块

施肥管理模块包括树位叶片养分管理、树位土壤养分管理、配方施肥决策。

树位叶片养分管理可以根据树位编号、胶工姓名、隶属生产队等条件进行搜索查询树位叶片养分数据，也可对树位叶片养分数据进行导入或导出（图4–35）。

树位土壤养分管理可以根据树位编号、胶工姓名、隶属生产队等条件进行搜索查询树位土壤养分数据，也可对树位土壤养分数据进行导入或导出（图4–36）。

配方施肥决策模块通过系统集成的配方施肥决策模型自动判断各树位所需的施肥配方，既可以根据树位编号、胶工姓名、隶属生产队等条件进行搜索查询树位施肥配方，也可以通过施肥配方工具查询某个树位的施肥配方（图4-37）。

树位叶片养分记录

树位编号： 隶属队别：未指定 查找 数据导入 返回
胶工姓名： 开割株数：未指定 0 是否为开割林 数据导出

	树位编号	生产队	叶片N	叶片P	叶片K	叶片Ca	叶片Mg	最后更新时间
选择	龙洞河-2_57	龙洞河队	33.37	3.01	12.23	16.32	3.47	2017/9/1
选择	龙洞河-2_59	龙洞河队	33.37	3.01	12.23	16.32	3.47	2017/9/1
选择	龙洞河-2_61	龙洞河队	33.37	3.01	12.23	16.32	3.47	2017/9/1
选择	龙洞河-2_62	龙洞河队	33.37	3.01	12.23	16.32	3.47	2017/9/1
选择	龙洞河-2_63	龙洞河队	33.37	3.01	12.23	16.32	3.47	2017/9/1
选择	龙洞河-2_64	龙洞河队	33.37	3.01	12.23	16.32	3.47	2017/9/1
选择	龙洞河-2_65	龙洞河队	33.37	3.01	12.23	16.32	3.47	2017/9/1
选择	龙洞河-2_7	龙洞河队	33.37	3.01	12.23	16.32	3.47	2017/9/1
选择	绿满-1_100	绿满队	32.3	2.38	14.4	10.2	3.74	2017/9/1
选择	绿满-1_101	绿满队	32.3	2.38	14.4	10.2	3.74	2017/9/1
选择	绿满-1_102	绿满队	32.3	2.38	14.4	10.2	3.74	2017/9/1
选择	绿满-1_103	绿满队	32.3	2.38	14.4	10.2	3.74	2017/9/1
选择	绿满-1_104	绿满队	32.3	2.38	14.4	10.2	3.74	2017/9/1
选择	绿满-1_105	绿满队	32.3	2.38	14.4	10.2	3.74	2017/9/1
选择	绿满-1_106	绿满队	32.3	2.38	14.4	10.2	3.74	2017/9/1
选择	绿满-1_107	绿满队	32.3	2.38	14.4	10.2	3.74	2017/9/1
选择	绿满-1_108	绿满队	32.3	2.38	14.4	10.2	3.74	2017/9/1

图4-35　树位叶片养分管理

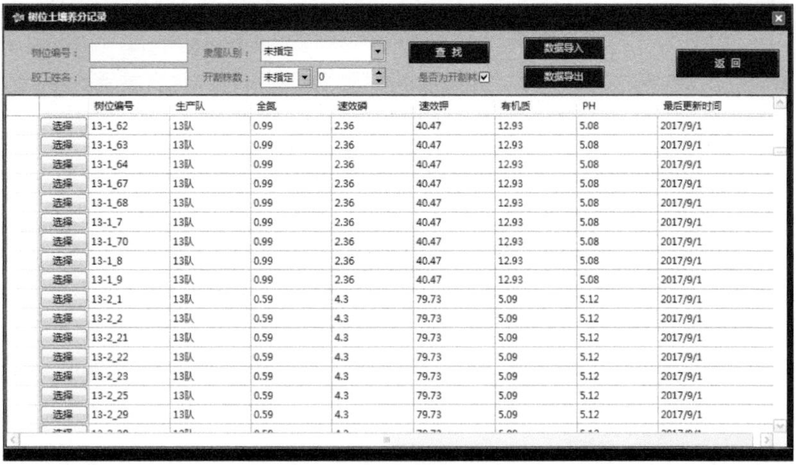

树位土壤养分记录

树位编号： 隶属队别：未指定 查找 数据导入 返回
胶工姓名： 开割株数：未指定 0 是否为开割林 数据导出

	树位编号	生产队	全氮	速效磷	速效钾	有机质	PH	最后更新时间
选择	13-1_62	13队	0.99	2.36	40.47	12.93	5.08	2017/9/1
选择	13-1_63	13队	0.99	2.36	40.47	12.93	5.08	2017/9/1
选择	13-1_64	13队	0.99	2.36	40.47	12.93	5.08	2017/9/1
选择	13-1_67	13队	0.99	2.36	40.47	12.93	5.08	2017/9/1
选择	13-1_68	13队	0.99	2.36	40.47	12.93	5.08	2017/9/1
选择	13-1_7	13队	0.99	2.36	40.47	12.93	5.08	2017/9/1
选择	13-1_70	13队	0.99	2.36	40.47	12.93	5.08	2017/9/1
选择	13-1_8	13队	0.99	2.36	40.47	12.93	5.08	2017/9/1
选择	13-1_9	13队	0.99	2.36	40.47	12.93	5.08	2017/9/1
选择	13-2_1	13队	0.59	4.3	79.73	5.09	5.12	2017/9/1
选择	13-2_2	13队	0.59	4.3	79.73	5.09	5.12	2017/9/1
选择	13-2_21	13队	0.59	4.3	79.73	5.09	5.12	2017/9/1
选择	13-2_22	13队	0.59	4.3	79.73	5.09	5.12	2017/9/1
选择	13-2_23	13队	0.59	4.3	79.73	5.09	5.12	2017/9/1
选择	13-2_25	13队	0.59	4.3	79.73	5.09	5.12	2017/9/1
选择	13-2_29	13队	0.59	4.3	79.73	5.09	5.12	2017/9/1

图4-36　树位土壤养分管理

配方施肥决策

查找　数据导入　数据导出　返回

	树位编号	生产队	叶片N	叶片P	叶片K	叶片Ca	叶片Mg	症状	配方	最后更新时间
选择	22-3_73	22队	33.23	2.75	14.86	10.36	3.25	缺镁型	2#配方	2017/9/1
选择	22-3_74	22队	33.23	2.75	14.86	10.36	3.25	缺镁型	2#配方	2017/9/1
选择	22-3_75	22队	33.23	2.75	14.86	10.36	3.25	缺镁型		2017/9/1
选择	22-3_76	22队	33.23	2.75	14.86	10.36	3.25	缺镁型	2#配方	2017/9/1
选择	22-3_77	22队	33.23	2.75	14.86	10.36	3.25	缺镁型	2#配方	2017/9/1
选择	22-3_78	22队	33.23	2.75	14.86	10.36	3.25	缺镁型	2#配方	2017/9/1
选择	22-3_79	22队	33.23	2.75	14.86	10.36	3.25	缺镁型	2#配方	2017/9/1
选择	22-3_80	22队	33.23	2.75	14.86	10.36	3.25	缺镁型	2#配方	2017/9/1
选择	2-3_115	2队	38.18	3.21	13.22	11.06	3.52	正常型	1#配方	2017/9/1
选择	2-3_116	2队	38.18	3.21	13.22	11.06	3.52	正常型	1#配方	2017/9/1
选择	2-3_117	2队	38.18	3.21	13.22	11.06	3.52	正常型	1#配方	2017/9/1
选择	2-3_118	2队	38.18	3.21	13.22	11.06	3.52	正常型	1#配方	2017/9/1
选择	2-3_119	2队	38.18	3.21	13.22	11.06	3.52	正常型	1#配方	2017/9/1
选择	2-3_120	2队	38.18	3.21	13.22	11.06	3.52	正常型	1#配方	2017/9/1
选择	2-3_121	2队	38.18	3.21	13.22	11.06	3.52	正常型	1#配方	2017/9/1
选择	2-3_122	2队	38.18	3.21	13.22	11.06	3.52	正常型	1#配方	2017/9/1
选择	2-3_123	2队	38.18	3.21	13.22	11.06	3.52	正常型	1#配方	2017/9/1

图4-37　施肥配方查询

6. 数据分析与评估模块

数据分析包括橡胶产量分析、生产计划分析。橡胶产量分析（图4-38）包括生产队产量分析和树位产量分析。选择相应年度进行生产计划分析（图4-39），还可以选择对比的年度、数据方式（生产计划量、实际产量）、数据内容（总产量、干胶、杂胶、上缴产量）。数据评估是指对各生产队的生产计划执行情况进行评估，选择相应年度进行生产计划执行情况评估，得出评估图（图4-40）。

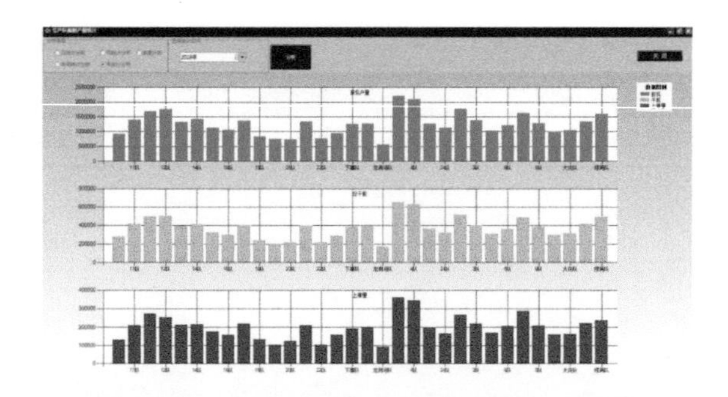

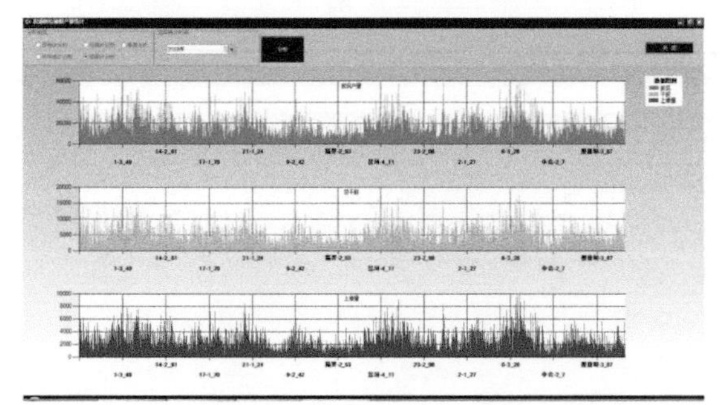

图4-38　产量对比分析

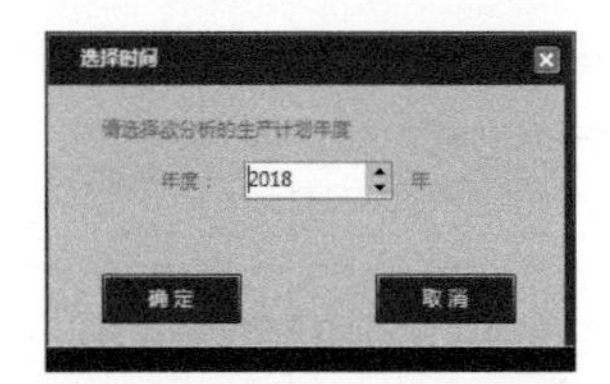

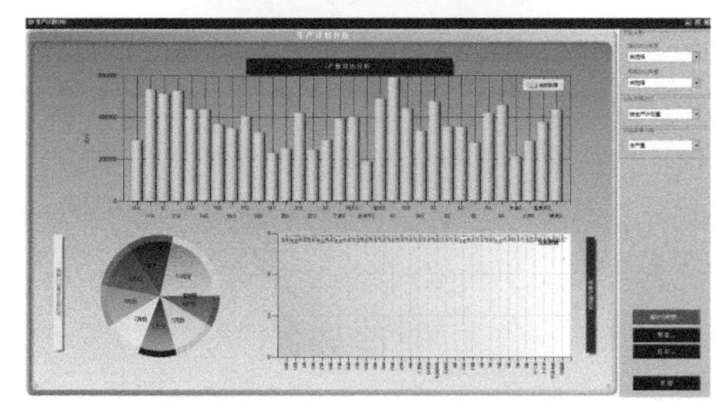

图4-39　生产计划对比分析

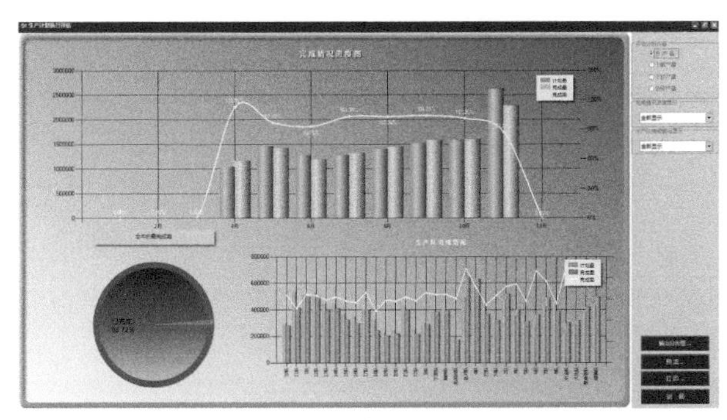

图4-40 生产计划执行情况评估

7. 报表统计模块

报表统计模块主要包括产量统计、苗木统计、胶工考核统计、施肥配方报表和生产计划报表（图4-41，图4-42）。

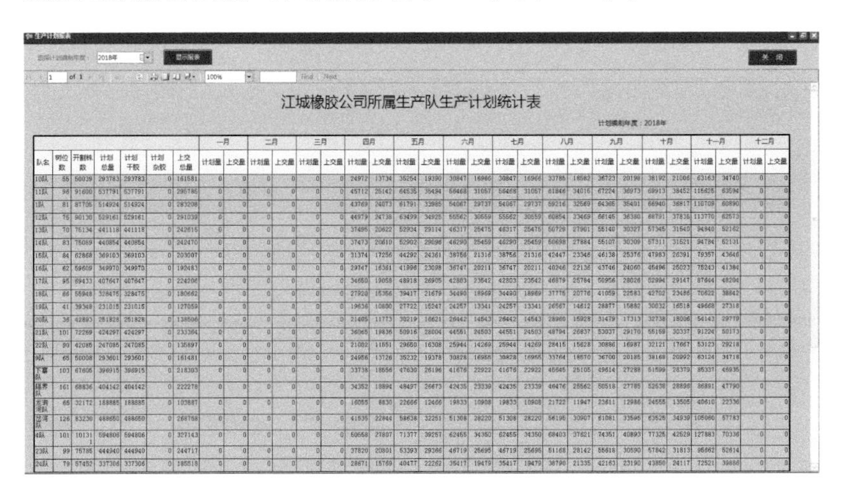

江城橡胶公司所属生产队生产计划统计表

计划编制年度：2018年

队名	树位数	开割株数	计划总量	计划干胶	计划杂胶	上交总量	一月计划量	一月上交量	二月计划量	二月上交量	三月计划量	三月上交量	四月计划量	四月上交量	五月计划量	五月上交量	六月计划量	六月上交量	七月计划量	七月上交量	八月计划量	八月上交量	九月计划量	九月上交量	十月计划量	十月上交量	十一月计划量	十一月上交量	十二月计划量	十二月上交量
10队	55	50039	293783	293783	0	161581	0	0	0	0	0	0	24972	13734	35254	19390	30847	16966	30847	16966	33786	18582	36723	20198	38192	21006	63163	34740	0	0
11队	96	91600	537791	537791	0	295786	0	0	0	0	0	0	45712	25142	64535	35494	56468	31057	56468	31057	61846	34016	67224	36973	69913	38452	115625	63594	0	0
1队	81	87705	514924	514924	0	283208	0	0	0	0	0	0	43769	24073	61791	33985	54067	29737	54067	29737	59216	32569	64365	35401	66940	36817	110709	60890	0	0
12队	75	90130	529161	529161	0	291039	0	0	0	0	0	0	44979	24738	63499	34925	55562	30559	55562	30559	60854	33469	66146	36380	68791	37835	113770	62573	0	0
13队	70	75134	441118	441118	0	242615	0	0	0	0	0	0	37495	20622	52934	29114	46317	25475	46317	25475	50729	27901	55140	30327	57345	31540	94840	52162	0	0
14队	83	75089	440854	440854	0	242470	0	0	0	0	0	0	37473	20610	52902	29096	46290	25459	46290	25459	50698	27884	55107	30309	57311	31521	94784	52131	0	0
15队	84	62868	369103	369103	0	203007	0	0	0	0	0	0	31374	17256	44292	24361	38756	21316	38756	21316	42447	23346	46138	25376	47983	26391	79357	43646	0	0
16队	62	59609	349970	349970	0	192483	0	0	0	0	0	0	29747	16361	41996	23098	36747	20211	36747	20211	40246	22136	43746	24060	45496	25023	75243	41384	0	0
17队	95	69433	407647	407647	0	224206	0	0	0	0	0	0	34650	19058	48918	26905	42803	23542	42803	23542	46879	25784	50956	28026	52994	29147	87644	48204	0	0
18队	66	55948	328475	328475	0	180662	0	0	0	0	0	0	27920	15356	39417	21679	34490	18969	34490	18969	37775	20776	41059	22583	42702	23486	70622	38842	0	0
19队	41	39348	231015	231015	0	127059	0	0	0	0	0	0	19636	10800	27722	15247	24257	13341	24257	13341	26567	14612	28877	15882	30032	16518	49668	27318	0	0
20队	36	42893	251828	251828	0	138506	0	0	0	0	0	0	21405	11773	30219	16621	26442	14543	26442	14543	28960	15928	31479	17313	32738	18006	54143	29779	0	0
21队	101	72269	424297	424297	0	233364	0	0	0	0	0	0	36065	19836	50916	28004	44551	24503	44551	24503	48794	26837	53037	29170	55159	30337	91224	50173	0	0
22队	90	42085	247085	247085	0	135897	0	0	0	0	0	0	21002	11551	29650	16308	25944	14269	25944	14269	28415	15628	30886	16987	32121	17667	53123	29218	0	0
9队	65	50008	293601	293601	0	161481	0	0	0	0	0	0	24956	13726	35232	19378	30828	16955	30828	16955	33764	18570	36700	20185	38168	20992	63124	34718	0	0
下寨队	103	67606	396915	396915	0	218303	0	0	0	0	0	0	33738	18556	47630	26196	41676	22922	41676	22922	45645	25105	49614	27288	51599	28379	85337	46935	0	0
隔界队	161	68836	404142	404142	0	222278	0	0	0	0	0	0	34352	18894	48497	26673	42435	23339	42435	23339	46476	25562	50518	27785	52538	28896	86891	47790	0	0
龙洞河队	65	32172	188885	188885	0	103887	0	0	0	0	0	0	16055	8830	22666	12466	19833	10908	19833	10908	21722	11947	23611	12986	24555	13505	40610	22336	0	0
岜河队	126	83230	488650	488650	0	268758	0	0	0	0	0	0	41535	22844	58638	32251	51308	28220	51308	28220	56196	30907	61081	33596	63525	34939	105060	57783	0	0
4队	101	101311	594806	594806	0	327143	0	0	0	0	0	0	50558	27807	71377	39257	62455	34350	62455	34350	68403	37621	74351	40893	77325	42529	127883	70336	0	0
23队	99	75785	444940	444940	0	244717	0	0	0	0	0	0	37820	20801	53393	29366	46719	25695	46719	25695	51168	28142	55618	30590	57842	31813	95662	52614	0	0
24队	79	57452	337306	337306	0	185518	0	0	0	0	0	0	28671	15769	40477	22262	35417	19479	35417	19479	38790	21335	42163	23190	43850	24117	72521	39886	0	0

图4-41 生产计划报表

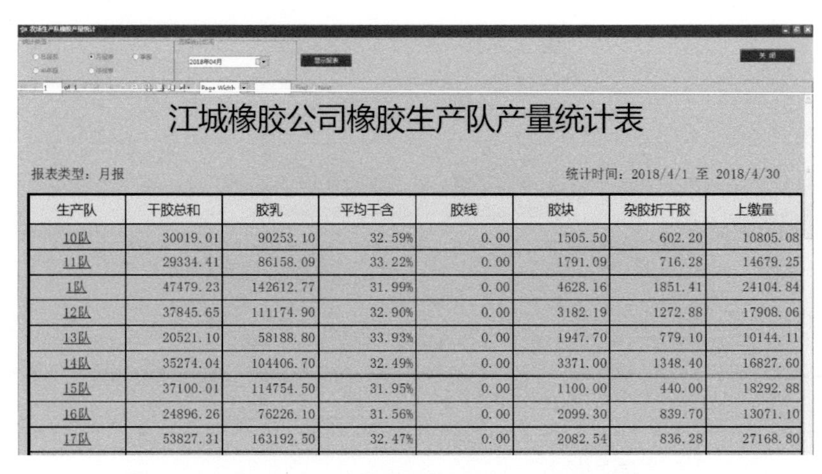

江城橡胶公司橡胶生产队产量统计表

报表类型：月报　　统计时间：2018/4/1 至 2018/4/30

生产队	干胶总和	胶乳	平均干含	胶线	胶块	杂胶折干胶	上缴量
10队	30019.01	90253.10	32.59%	0.00	1505.50	602.20	10805.08
11队	29334.41	86158.09	33.22%	0.00	1791.09	716.28	14679.25
1队	47479.23	142612.77	31.99%	0.00	4628.16	1851.41	24104.84
12队	37845.65	111174.90	32.90%	0.00	3182.19	1272.88	17908.06
13队	20521.10	58188.80	33.93%	0.00	1947.70	779.10	10144.11
14队	35274.04	104406.70	32.49%	0.00	3371.00	1348.40	16827.60
15队	37100.01	114754.50	31.95%	0.00	1100.00	440.00	18292.88
16队	24896.26	76226.10	31.56%	0.00	2099.30	839.70	13071.10
17队	53827.31	163192.50	32.47%	0.00	2082.54	836.28	27168.80

产量月报表

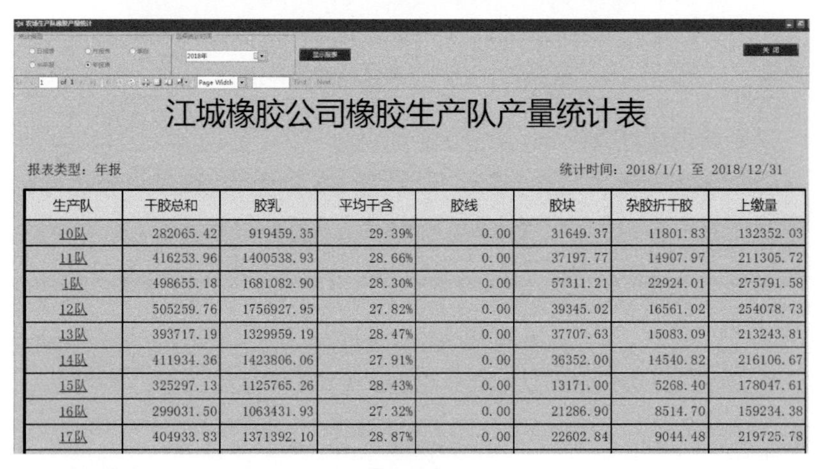

江城橡胶公司橡胶生产队产量统计表

报表类型：年报　　统计时间：2018/1/1 至 2018/12/31

生产队	干胶总和	胶乳	平均干含	胶线	胶块	杂胶折干胶	上缴量
10队	282065.42	919459.35	29.39%	0.00	31649.37	11801.83	132352.03
11队	416253.96	1400538.93	28.66%	0.00	37197.77	14907.97	211305.72
1队	498655.18	1681082.90	28.30%	0.00	57311.21	22924.01	275791.58
12队	505259.76	1756927.95	27.82%	0.00	39345.02	16561.02	254078.73
13队	393717.19	1329959.19	28.47%	0.00	37707.63	15083.09	213243.81
14队	411934.36	1423806.06	27.91%	0.00	36352.00	14540.82	216106.67
15队	325297.13	1125765.26	28.43%	0.00	13171.00	5268.40	178047.61
16队	299031.50	1063431.93	27.32%	0.00	21286.90	8514.70	159234.38
17队	404933.83	1371392.10	28.87%	0.00	22602.84	9044.48	219725.78

产量年报表

图4-42　产量统计表

（三）系统特点

信息化管理是提高胶园生产管理水平，规范经营活动，提高生产效率和经济效益的重要手段。针对橡胶生产日常管理的业务需求，以树位为最小空间管理单元，建立了包括胶园信息、生产管理、施肥管理、苗木管理、割胶管理等橡胶园信息管理数据库，创新性地结合树位信息和橡胶树生产期产量曲线，建立了生产计划智能决策模型，基于GIS技术开发出一套橡胶园信息管理系统，具备胶园信息查询、生产计划编制、苗木管理、施肥管理、割胶产量数据管理、割胶技术评定、胶工管理、产量对比分析、生产计划完成情况评估、报表统计等多种功能。橡胶园信息管理系统的研发，促进了天然橡胶生产管理从传统的手工工作方式向现代化的工作方式转变，实现了橡胶生产管理业务的流程化、信息化、网络化和规范化管理，解决了胶园管理水平低的问题。

第五章　橡胶树栽培技术服务系统的建设

云南是中国第一大天然橡胶生产基地，2016年末植胶面积59.2万hm^2，其中，农垦系统种植约158 600hm^2，地方种植约433 400hm^2，云南民营天然橡胶产业的发展对国内天然橡胶总产量的提高具有重要的作用。如何让农民更有效、便捷地获取橡胶树栽培技术，实现橡胶树的持续高产稳产，一直是天然橡胶科技工作者关心的重要问题。传统的农技推广体系在普及常规栽培技术和常规灾害防治方面为天然橡胶产业的发展作出了巨大贡献，但在新技术的推广和突发灾害的防治方面时效性不够。

针对橡胶种植户获取农业信息和技术服务难的问题，将智能终端客户端开发和微信公众平台开发相结合，开发出一套橡胶树栽培技术服务系统，实现了专家对用户的一对一远程技术服务，具备橡胶树栽培管理知识查询、橡胶树施肥配方查询、橡胶资讯服务、灾害预警等功能，创新了服务模式和渠道，搭建了专家、农技员、农民、产业间高效便捷的信息化桥梁，实现了信息服务的双向良性互动，能够满足橡胶种植农户不受时空限制获取农业信息和技术服务的需求，切实解决了科技信息传播的“最后一公里”问题。

第一节　橡胶树栽培技术服务系统的设计

一、系统总体架构

根据系统的需求，结合对系统的整体分析，可得出如图5-1所示的系统总体架构。系统主要分为服务层和业务逻辑层。服务层主要包括专家服务、精准施肥、知识库和综合服务，业务逻辑层主要包括专家支持系统、公众号管理系统、消息监控系统和消息推进系统。系统基于微信公众平台进行设计与开发，其业务逻辑主要是通过调用公众号接口实现。用户只需关注系统的微信公众号即可获得橡胶树种植相关的资讯和服务。专家需要安装专家支持系统手机客户端，才能对用户进行一对一指导。

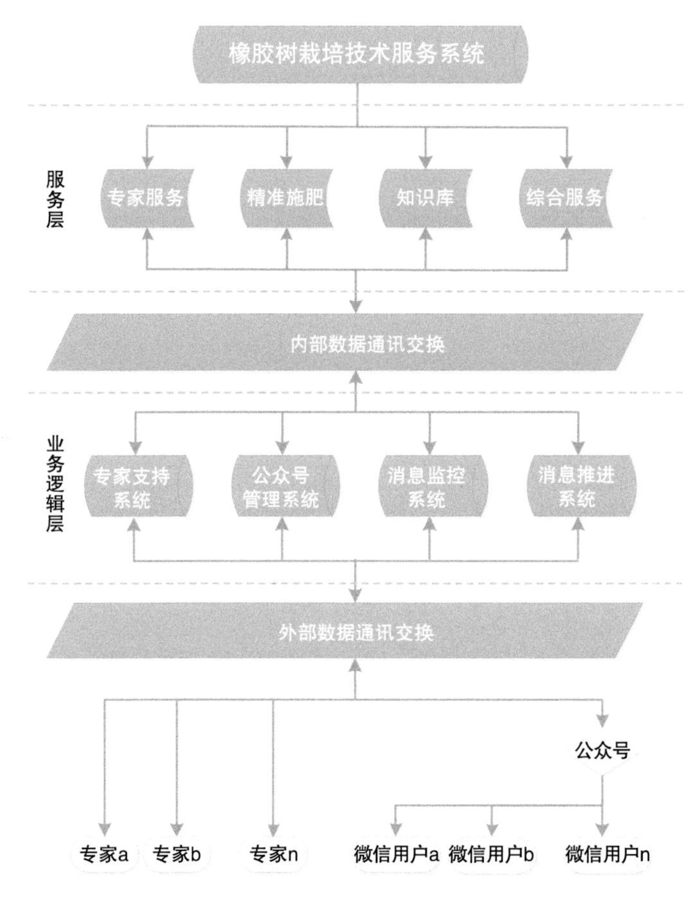

图5-1　橡胶树栽培技术服务系统总体架构

二、系统功能设计

橡胶树栽培技术服务系统功能分为橡胶知识和技术服务2个主要模块（图5-2）。其中，橡胶知识模块主要分为常见问题、病虫害库和知识库3个子模块。常见问题涵盖了橡胶树种植过程中经常遇到的主要问题及解决方案，病虫害库列举了中国植胶区常见病虫害的形态特征、发生因素及防治方法，知识库涵盖了胶园规划、品种选择、栽培技术、割胶技术、胶园管理、施肥管理等橡胶树栽培管理知识。技术服务模块主要分为专家服务、精准施肥和综合服务3个子模块。专家服务子模块提供用户与专家一对一的远程技术服务。精准施肥子模块根据用户的地理位置提供相应的橡胶树施肥配方，该模块需要橡胶树营养诊断数据作为施肥配方的依据。综合服务以WAP网站的形式为橡胶种植户提供栽培技术、病虫害防治、胶园属性与施肥等橡胶种植相关技术服务，以及橡胶产品价格、农业新闻、天气预报等资讯服务。

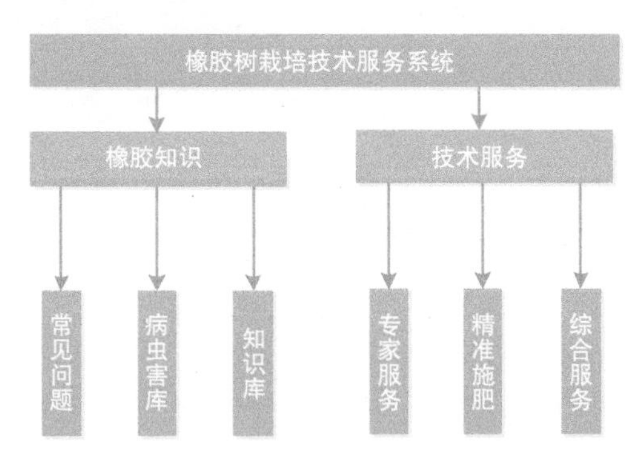

图5-2　橡胶树栽培技术服务系统功能模块

三、系统数据库的建立

通过查阅相关技术资料，收集和整理橡胶树种植、施肥、病虫害防治和安全割胶等方面知识，建立橡胶树栽培技术文档，然后通过计算机软件进行编译和管理，建立橡胶树栽培管理知识库、病虫害库和常见问题库，集成已经建立的云南山地胶园养分管理数据库、橡胶树施肥配方和施肥决策模型，采用SQL Server 2008 R^2建立了橡胶树栽培技术服务系统数据库，主要包括WechatDB（图5-3a）、ExpertSupportDB（图5-3b）和KnowledgeDB（图5-3c）。

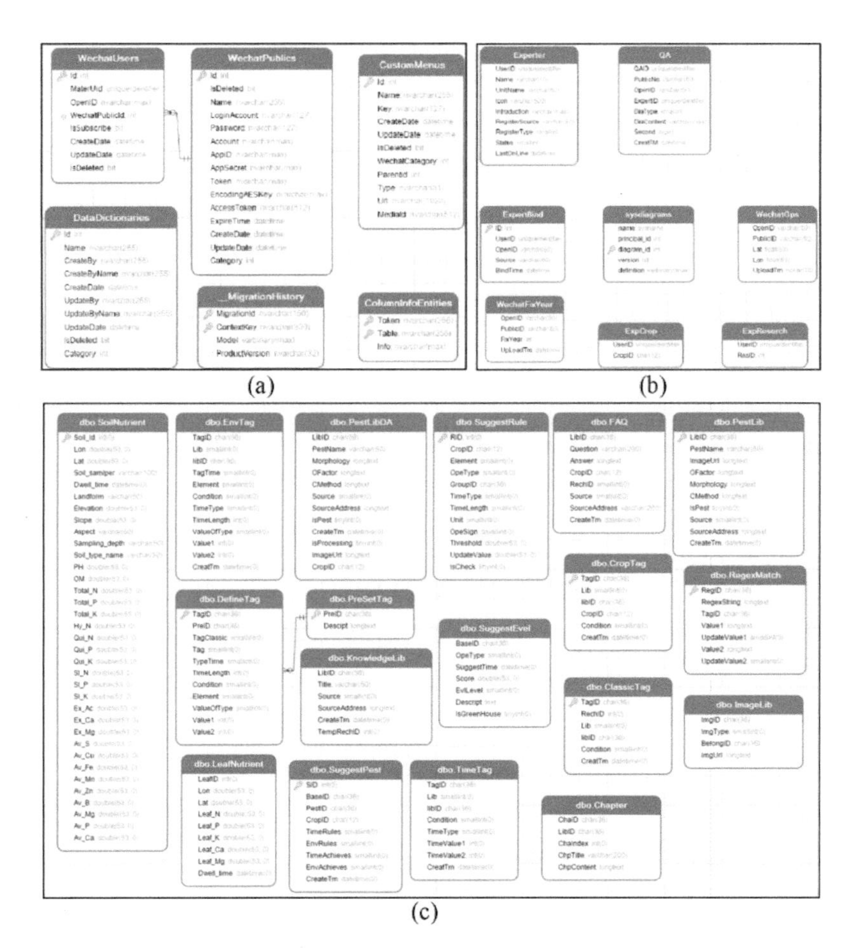

图5-3　橡胶树栽培技术服务系统数据库

第二节　橡胶树栽培技术服务系统的实现

橡胶树栽培技术服务系统包括用户端（图5-4）和专家支持系统（图5-5）。用户可通过关注“天然橡胶栽培技术服务”微信公众号获得科学、合理的指导。关注用户可以在知识库中快捷方便地查找与橡胶种植有关的知识来解决橡胶生产过程中遇到的问题，也可以通过与用户绑定的专家直接对话进行交流。

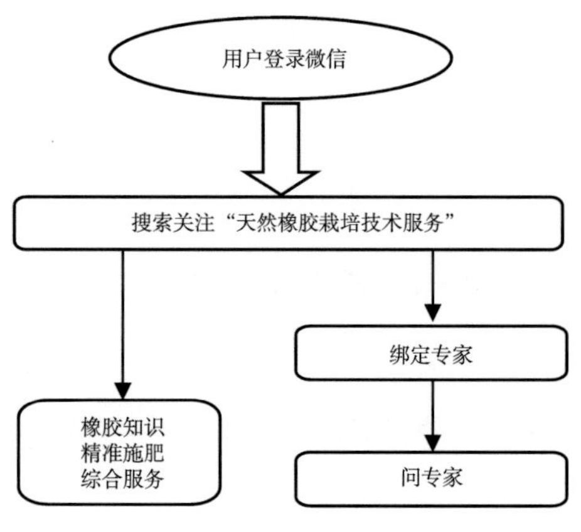

图5-4　用户端流程

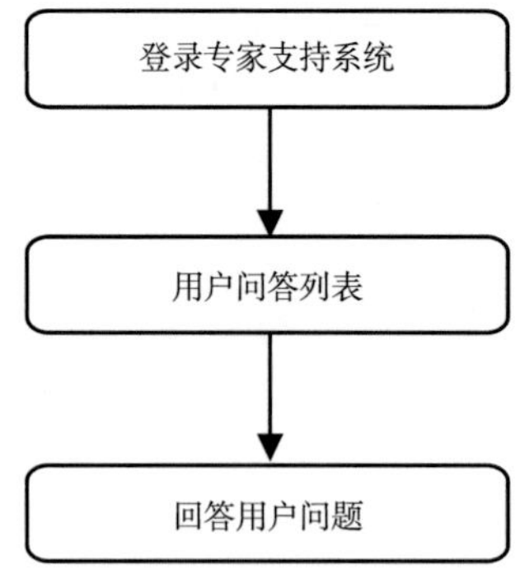

图5-5　专家支持系统流程

一、系统开发环境

系统服务端开发采用Microsoft Visual Studio 2015开发工具，运用C#语言结合WCF技术处理数据逻辑分析，利用IIS发布Web Service，提供接口给微信公众号和专家支持系统使用。专家支持系统客户端的开发采用Android Studio 3.0开发工具，运用Java、Kotlin混合开发，利用Gradle编译打包Android apk。系统开发环境配置要求如下。

（一）开发语言与工具

服务端语言为C#；开发工具为Microsoft Visual Studio 2015。专家支持系统客户端语言Java 1.8，Kotlin 1.2，开发工具为Android Studio 3.0。

（二）服务器软件环境

操作系统为Windows Server 2003以上版本，Web服务器为IIS，数据库为SQL Server 2008 R2，其他为.NET Framework 4.5。

（三）专家端需求

Android 4.4以上操作系统的移动设备。

（四）用户端需求

支持微信安装的移动设备。

二、用户端实现

用户需关注微信公众号“天然橡胶栽培技术服务”后才可使用橡胶树栽培技术服务系统。用户端界面如图5-6所示。

图5–6　用户端界面

（一）技术服务

1. 专家服务

用户关注公众号后，系统会自动分配一个专家。单击“专家列表”，可看到所有专家的基本信息以列表的形式展示，也可以看到已绑定专家，用户可以根据需要随时更换绑定专家（图5–7）。

完成专家绑定后，点击“问专家”，然后输入要提问的内容并发送，即完成向已绑定的专家提问。用户可就自己生产中遇到的问题向专家提问，来获得指导以解决橡胶生产中遇到的问题，用户可通过发送文本、图片和语音等形式向专家提问。在紧急情况下，用户还可以在专家列表界面下拨打专家电话求助。

图5-7　专家服务界面

2. 精准施肥

用户点击“上传位置”，弹出位置发送界面，发送位置后，系统提示位置获取成功（图5-8）。然后点击“施肥配方”，将得到建议施肥方案（图5-9）。

图5-8　上传位置

图5-9　施肥配方

3. 综合服务

系统以WAP网站的形式为橡胶种植户提供综合服务。用户点击“农技服务系统”进入天然橡胶农技服务应用系统（图5-10），系统提供栽培技术、病虫害防治、胶园属性与施肥等橡胶种植相关技术服务，以及橡胶产品价格、农业新闻、天气预报等资讯服务。

图5-10　综合服务

（二）橡胶知识

用户点击“橡胶知识”将弹出橡胶知识类别界面，包括常见问题、病虫害库和知识库，用户可根据实际遇到的问题，选择类别进行查询（图5-11）。

图5-11　橡胶知识

三、专家端实现

专家需安装专家支持系统客户端才能为农户提供服务。只有注册的专家手机号码才能登录专家支持系统。打开专家支持系统，输入手机号码获取验证码，即可登录。登录专家支持系统后直接进入问答界面，也可通过点击“问答”进入问答界面（图5-12）。专家针对用户提出的问题做出回答，解决用户的疑惑，实现对用户的一对一指导。

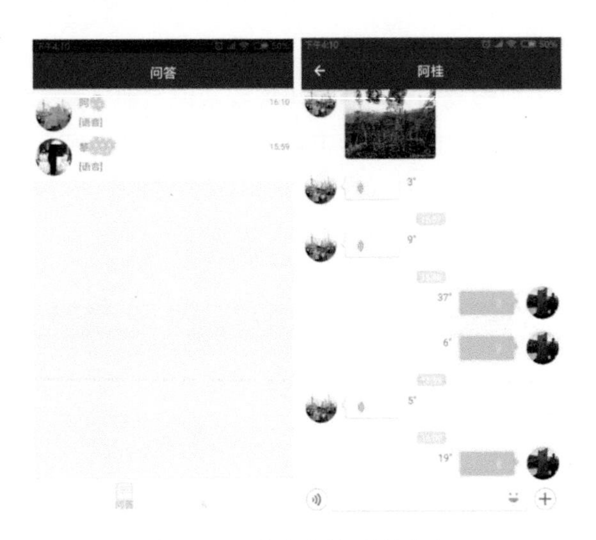

图5-12　专家支持系统界面

四、系统特点

橡胶树栽培技术服务系统实现了橡胶树栽培管理知识查询、专家对用户的一对一远程技术服务、橡胶树施肥配方查询、橡胶资讯服务的主要功能。同时，当遇到突发灾害时，系统还可以给用户及时推送灾害预警以及防治措施。橡胶树栽培技术服务系统的上线运行，搭建了专家与农技员、农技员与农民、农民与产业间高效便捷的信息化桥梁，创新了服务模式和渠道，切实解决了科技信息传播的“最后一公里”问题。

与以往的研究相比，本研究专家一对一服务的便捷性和有效性均有较大的改善。本研究中的专家端采用智能终端客户端开发模式，其优点是可以充分发挥移动终端的性能。用户端采用微信公众平台开发模式，解决了不同平台需要多次开发和多种设备适配的问题，大大提高了开发的效率。用户端无须额外安装客户端，只需关注系统公众号即可获得系统提供的资讯和服务。

基于微信公众平台的橡胶树栽培技术服务系统改变了以往信息服务由服务主体向用户单向推送的服务方式，实现了信息服务的双向良性互动，能够满足橡胶种植农户不受时空限制获取农业信息和技术服务的需求。

参考文献

[1] 刘丽伟. 美国农业信息化促进农业经济发展方式转变的路径研究与启示[J]. 农业经济，2012（7）：40-43.

[2] 王文生. 德国农业信息技术研究进展与发展趋势[J]. 农业展望，2011，7（9）：48-51.

[3] 章哲. 中国农业信息化现状问题与对策研究[J]. 北京农业，2014（9）：223.

[4] 周婷婷. 我国农业信息化发展现状研究综述[J]. 广西财经学院学报，2015，28（1）：95-102.

[5] Tony Lewis. Evolution of farm management information systems[J]. Computers and Electronics in Agriculture，1998，19（3）：233-248.

[6] 赵其国，叶方. 信息化与农业现代化[J]. 土壤学报，2004（3）：449-455.

[7] 罗锡文，臧英，周志艳. 精细农业中农情信息采集技术的研究进展[J]. 农业工程学报，2006（1）：167-173.

[8] 王凤花，张淑娟. 精细农业田间信息采集关键技术的研究进展[J]. 农业机械学报，2008（5）：112-121，111.

[9] 杨绍辉，杨卫中，王一鸣. 土壤墒情信息采集与远程监测系统[J]. 农业机械学报，2010，41（9）：173-177.

[10] 陆明洲，沈明霞，孙玉文，等. 农田无线传感器网络移动终端数据收集方案[J]. 农业工程学报，2011，27（8）：242-246.

[11] 杨敬锋，李亭，卢启福，等. 基于RBF神经网络的土壤含水量传感器标定方法[J]. 安徽农业科学，2010，38（7）：3 315-3 316.

[12] 李震，Wang Ning，洪添胜，等. 农田土壤含水率监测的无线传感器网络系统设计[J]. 农业工程学报，2010，26（2）：212-217.

[13] 张晓东，毛罕平，倪军，等. 作物生长多传感信息检测系统设计与应

用[J]. 农业机械学报，2009，40（9）：164-170.

[14] 蔡镔，毕庆生，李福超，等. 基于ZigBee无线传感器网络的农业环境监测系统研究与设计[J]. 江西农业学报，2010，22（11）：153-156.

[15] 高峰，俞立，张文安，等. 基于无线传感器网络的作物水分状况监测系统研究与设计[J]. 农业工程学报，2009，25（2）：107-112.

[16] 李明，赵春江，李道亮，等. 日光温室黄瓜叶片湿润传感器校准方法[J]. 农业工程学报，2010，26（2）：224-230.

[17] 高峰，俞立，张文安，等. 基于作物水分胁迫声发射技术的无线传感器网络精量灌溉系统的初步研究[J]. 农业工程学报，2008（1）：60-63.

[18] 刘贺，赵燕东. 基于驻波原理的短探针小麦茎水分传感器[J]. 农业工程学报，2011，27（11）：140-144.

[19] 韩安太，何勇，李剑锋，等. 基于无线传感器网络的粮虫声信号采集系统设计[J]. 农业工程学报，2010，26（6）：181-187.

[20] 胡均万，罗锡文，陈树人，等. 机身倾斜导致谷物流量传感器零点漂移的补偿[J]. 农业机械学报，2009，40（S1）：57-60.

[21] 赵英时. 遥感应用分析原理与方法[M]. 北京：科学出版社，2003.

[22] 赵祥，李长春，苏娜. 滑坡泥石流的多源遥感提取方法[J]. 自然灾害学报，2009，18（6）：29-32.

[23] 李强子，张飞飞，杜鑫，等. 汶川地震粮食受损遥感快速估算与分析[J]. 遥感学报，2009，13（5）：928-939.

[24] 刘振波，倪绍祥，查勇，等. 河北省黄骅市三个重点蝗区两个时段土壤湿度的遥感提取[J]. 动物学研究，2006（3）：281-285.

[25] Lee W S，Alchanatis V，Yang C，et al. Sensing technologies for precision specialty crop production[J]. Computers and Electronics in Agriculture，2010，74（1）.

[26] 余凡，赵英时，李海涛. 基于遗传BP神经网络的主被动遥感协同反演土壤水分[J]. 红外与毫米波学报，2012，31（3）：283-288.

[27] 张显峰，赵杰鹏. 干旱区土壤水分遥感反演与同化模拟系统研究[J]. 武汉大学学报（信息科学版），2012，37（7）：794-799.

[28] 余凡，赵英时. 基于主被动遥感数据融合的土壤水分信息提取[J]. 农业工程学报，2011，27（6）：187-192，394.

[29] 汪潇，张增祥，赵晓丽，等. 遥感监测土壤水分研究综述[J]. 土壤学报，2007（1）：157-163.

[30] 李楠，刘成良，李彦明，等. 基于3S技术联合的农田墒情远程监测系统开发[J]. 农业工程学报，2010，26（4）：169-174.

[31] Champagne C，McNairn H，Berg A A. Monitoring agricultural soil moisture extremes in Canada using passive microwave remote sensing[J]. Remote Sensing of Environment，2011，115（10）：2 434-2 444.

[32] 王纪华，赵春江，郭晓维，等. 利用遥感方法诊断小麦叶片含水量的研究[J]. 华北农学报，2000（4）：68-72.

[33] 张佳华，许云，姚凤梅，等，YANG LiMin. 植被含水量光学遥感估算方法研究进展[J]. 中国科学：技术科学，2010，40（10）：1 121-1 129.

[34] 于君明，蓝朝桢，周艺，等. 农作物含水量的遥感反演[J]. 武汉大学学报（信息科学版），2009，34（2）：210-213，243.

[35] 柏军华，李少昆，王克如，等. 棉花产量遥感预测的L-Y模型构建[J]. 作物学报，2006（6）：840-844.

[36] 白丽，王进，蒋桂英，等. 干旱区基于高光谱的棉花遥感估产研究[J]. 中国农业科学，2008（8）：2 499-2 505.

[37] 李卫国，王纪华，赵春江，等. 基于遥感信息和产量形成过程的小麦估产模型[J]. 麦类作物学报，2007（5）：904-907.

[38] 刘姣娣，曹卫彬，马蓉. 棉花叶面积指数的遥感估算模型研究[J]. 中国农业科学，2008，41（12）：4 301-4 306.

[39] 姜晓剑，刘小军，田永超，等. 基于遥感影像的作物生长监测系统的设计与实现[J]. 农业工程学报，2010，26（3）：156-162.

[40] 郭伟，赵春江，顾晓鹤，等. 乡镇尺度的玉米种植面积遥感监测[J]. 农业工程学报，2011，27（9）：69-74.

[41] 黄文江，王锦地，穆西晗，等. 基于核驱动模型参数反演的作物株型遥感识别[J]. 光谱学与光谱分析，2007（10）：1 921-1 924.

［42］王纪华，黄文江，劳彩莲，等. 运用PLS算法由小麦冠层反射光谱反演氮素垂直分布[J]. 光谱学与光谱分析，2007（7）：1 319-1 322.

［43］陈鹏飞，王吉顺，潘鹏，等. 基于氮素营养指数的冬小麦籽粒蛋白质含量遥感反演[J]. 农业工程学报，2011，27（9）：75-80.

［44］谭昌伟，周清波，齐腊，等. 水稻氮素营养高光谱遥感诊断模型[J]. 应用生态学报，2008（6）：1 261-1 268.

［45］竞霞，黄文江，琚存勇，等. 基于PLS算法的棉花黄萎病高空间分辨率遥感监测[J]. 农业工程学报，2010，26（8）：229-235.

［46］陈兵，王克如，李少昆，等. 棉花黄萎病疑似病田的卫星遥感监测——以TM卫星影像为例[J]. 作物学报，2012，38（1）：129-139.

［47］陈兵，王克如，李少昆，等. 蚜虫胁迫下棉叶光谱特征及其遥感估测[J]. 光谱学与光谱分析，2010，30（11）：3 093-3 097.

［48］蒋金豹，陈云浩，黄文江. 病害胁迫下冬小麦冠层叶片色素含量高光谱遥感估测研究[J]. 光谱学与光谱分析，2007（7）：1 363-1 367.

［49］李少昆，王崇桃. 图像及机器视觉技术在作物科学中的应用进展[J]. 石河子大学学报（自然科学版），2002（1）：79-86.

［50］吕菲，刘建立，张佳宝，等. 利用随机网络模型和CT数字图像预测近饱和土壤水分特征曲线[J]. 灌溉排水学报，2009，28（6）：18-21.

［51］肖武，李小昱，李培武，等. 近红外光谱和机器视觉信息融合的土壤含水率检测[J]. 农业工程学报，2009，25（8）：14-17.

［52］王方永，王克如，王崇桃，等. 基于图像识别的棉花水分状况诊断研究[J]. 石河子大学学报（自然科学版），2007（4）：404-407.

［53］李少昆，索兴梅，白中英，等. 基于BP神经网络的小麦群体图像特征识别[J]. 中国农业科学，2002（6）：616-620.

［54］王方永，李少昆，王克如，等. 基于机器视觉的棉花群体叶绿素监测[J]. 作物学报，2007（12）：2 041-2 046.

［55］王克如. 基于图像识别的作物病虫草害诊断研究[D]. 中国农业科学院，2005.

［56］赖军臣，汤秀娟，谢瑞芝，等. 基于G-MRF模型的玉米叶斑病害图像

的分割[J]. 中国农业科学，2010，43（7）：1 363-1 369.

[57] 张立周，侯晓宇，张玉铭，等. 数字图像诊断技术在冬小麦氮素营养诊断中的应用[J]. 中国生态农业学报，2011，19（5）：1 168-1 174.

[58] 王晓静，张炎，李磐，等. 地面数字图像技术在棉花氮素营养诊断中的初步研究[J]. 棉花学报，2007（2）：106-113.

[59] 牟伶俐，刘钢，黄健熙. 基于Java手机的野外农田数据采集与传输系统设计[J]. 农业工程学报，2006（11）：165-169.

[60] 赵国罡，赵丽，陈桂芬，等. 基于J2ME的农业生产履历采集系统[J]. 农业工程学报，2009，25（S2）：190-193.

[61] 车艳双，李民赞，郑立华，等. 基于GPS和PDA的移动智能农田信息采集系统开发[J]. 农业工程学报，2010，26（S2）：109-114.

[62] 尚明华，秦磊磊，王风云，等. 基于Android智能手机的小麦生产风险信息采集系统[J]. 农业工程学报，2011，27（5）：178-182.

[63] 孟志军，王秀，赵春江，等. 基于嵌入式组件技术的精准农业农田信息采集系统的设计与实现[J]. 农业工程学报，2005（4）：91-96.

[64] 刘峰，李存军，董莹莹，等. 基于遥感数据与作物生长模型同化的作物长势监测[J]. 农业工程学报，2011，27（10）：101-106.

[65] 黄彦，朱艳，王航，等. 基于遥感与模型耦合的冬小麦生长预测[J]. 生态学报，2011，31（4）：1 073-1 084.

[66] 黄杏元，马劲松，汤勤. 地理信息系统概论[M]. 北京：高等教育出版社，2001.

[67] 孙波，严浩，施建平，等. 基于组件式GIS的施肥专家决策支持系统开发和应用[J]. 农业工程学报，2006（4）：75-79.

[68] 陈蓉蓉，周治国，曹卫星，等. 农田精确施肥决策支持系统的设计和实现[J]. 中国农业科学，2004（4）：516-521.

[69] 陈智芳，宋妮，王景雷. 节水灌溉管理与决策支持系统[J]. 农业工程学报，2009，25（S2）：1-6.

[70] 郑重，马富裕，张凤荣，等. 农田水分监测与决策支持系统的实现[J]. 农业工程学报，2007（7）：155-161.

[71] 李凤菊，刘小军，姜海燕，等. 基于WebGIS与知识模型的小麦病虫草害管理决策支持系统研究[J]. 麦类作物学报，2009，29（5）：934-940.

[72] 周舟，王秀，王俊，等. 基于GIS的变量喷药决策支持系统[J]. 农业工程学报，2008，24（S2）：123-126.

[73] 刘书华，杨晓红，蒋文科，等. 基于GIS的农作物病虫害防治决策支持系统[J]. 农业工程学报，2003（4）：147-150.

[74] 高灵旺，陈继光，于新文，等. 农业病虫害预测预报专家系统平台的开发[J]. 农业工程学报，2006（10）：154-158.

[75] 赵春江，诸德辉，李鸿祥，等. 小麦栽培管理计算机专家系统的研究与应用[J]. 中国农业科学，1997（5）：43-50.

[76] 曹卫星，潘洁，朱艳，等. 基于生长模型与Web应用的小麦管理决策支持系统[J]. 农业工程学报，2007（1）：133-138.

[77] 廖桂平，官春云. 油菜优质高产高效栽培管理多媒体专家系统[J]. 作物学报，2002（1）：140-142.

[78] 李建军，沈佐锐，贺超兴，等. 日光温室番茄长季节生产专家系统的研制[J]. 农业工程学报，2003，19（3）：267-268.

[79] 陈青云，李鸿. 黄瓜温室栽培管理专家系统的研究[J]. 农业工程学报，2001（6）：142-146.

[80] 王尧，宋卫堂，乔晓军. 水培番茄、黄瓜营养液管理专家系统的构建[J]. 农业工程学报，2004（5）：254-257.

[81] 何勇，宋海燕. 基于神经网络的作物营养诊断专家系统[J]. 农业工程学报，2005（1）：110-113.

[82] 陈云坪，赵春江，王秀，等. 基于知识模型与WebGIS的精准农业处方智能生成系统研究[J]. 中国农业科学，2007（6）：1 190-1 197.

[83] 王秀，赵春江，孟志军，等. 精准变量施肥机的研制与试验[J]. 农业工程学报，2004（5）：114-117.

[84] 伟利国，张小超，苑严伟，等. 2F-6-BP1型变量配肥施肥机的研制与试验[J]. 农业工程学报，2012，28（7）：14-18.

[85] 介战，刘红俊，侯凤云. 中国精准农业联合收割机研究现状与前景展

望[J]. 农业工程学报，2005（2）：179-182.

［86］杨青，庞树杰，杨成海，等. 集成GPS和GIS技术的变量灌溉控制系统（英文）[J]. 农业工程学报，2006（10）：134-138.

［87］曹卫星，江海东. 小麦温光反应与发育进程的模拟[J]. 南京农业大学学报，1996（1）：9-16.

［88］Sven P，Abdul M M，Kim B，et al. Methods and procedures for automatic collection and management of data acquired from on-the-go sensors with application to on-the-go soil sensors[J]. Computers and Electronics in Agriculture，2012，81：104-112.

［89］Sørensen C G，Pesonen L，Bochtis D D，et al. Functional requirements for a future farm management information system[J]. Computers and Electronics in Agriculture，2011，76（2）：266-276.

［90］冀荣华，吴才聪，李民赞，等. 基于远程通讯的农田信息管理系统设计与实现[J]. 农业工程学报，2009，25（S2）：165-169.

［91］郭武士，易欣，陈云坪，等. 基于WebGIS和条码技术的土壤空间信息管理系统[J]. 农业工程学报，2010，26（9）：251-256.

［92］赵朋，刘刚，李民赞，等. 基于GIS的苹果病虫害管理信息系统[J]. 农业工程学报，2006（12）：150-154.

［93］周治国，曹卫星，朱艳，等. 基于GIS的作物生产管理信息系统[J]. 农业工程学报，2005（1）：114-118.

［94］郭银巧，赵传德，刘小军，等. 基于模型和GIS的数字棉作系统的设计与实现[J]. 农业工程学报，2008（11）：139-144.

［95］Edson M，Antonio M S，Luiz C M R，et al. An infrastructure for the development of distributed service-oriented information systems for precision agriculture[J]. Computers and Electronics in Agriculture，2007，58（1）：37-48.

［96］何志勇. 区域性农业信息服务平台构建[J]. 四川理工学院学报（自然科学版），2010，23（3）：288-290，298.

［97］尚明华，秦磊磊，王风云，等. 山东省农业信息服务平台构建思路与前

景展望[J]. 农业网络信息，2006（2）：48-51.

[98] 王贵荣，李道亮，吕钊钦，等. 鱼病诊断短信平台设计与实现[J]. 农业工程学报，2009，25（3）：130-134.

[99] 吴永章，潘霞，童晓，等. 探讨农技110信息服务体系的构建[J]. 农业网络信息，2010（10）：10-13.

[100] 张伟，欧吉顺，周楚新. 利用数据挖掘技术建设农业智能综合信息服务平台[J]. 农业网络信息，2011（8）：34-36.

[101] 邓静飞，汪秀华，李世池. 橡胶园生产管理信息化探讨[J]. 农业科技管理，2013，32（5）：70-72.